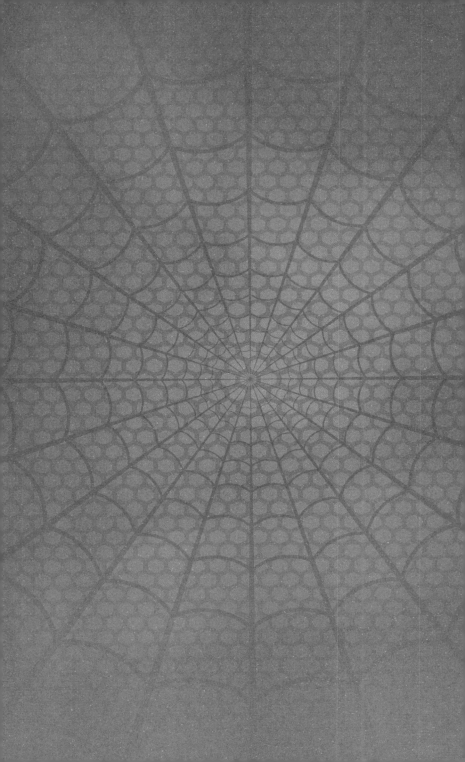

마블이
설계한 사소하고
위대한 과학

슈퍼 히어로는 어떻게 만들어질까?

마블이 설계한 사소하고 위대한 과학

세바스찬 알바라도 지음 | 박지웅 옮김

THE SCIENCE OF MARVEL

하이픈
HYPHEN

일러두기

1 영어 및 역주, 기타 병기는 본문 안에 작은 글씨로 처리했습니다.

2 각주는 본문 아래에 작은 글씨로 처리했습니다.

3 외래어 표기는 국립국어원의 규정을 바탕으로 했으며, 규정에 없는 경우는 현지음에 가깝게 표기했습니다.

4 이 책은 마블 시네마틱 유니버스의 〈어벤져스: 인피니티 워〉까지를 배경으로 하고 있습니다.

5 영화 제목과 영화 속 인물 이름은 국내 개봉 정보를 따랐습니다.

감사의 말

/

사랑하는 마랄 타자리안과

내 작은 보물 미나스, 플로, 맥신에게 이 책을 바칩니다.

차례

3장 예민한 신경 과학

4장 기이한 생리학

5장 놀라운 기계 공학

6장 가차 없는 맹공

7장 경이로운 역학

8장 위력적인 무기

9장 환상적인 물리학

10장 눈길을 사로잡는 첨단 기술

들어가는 글

시력을 잃은 데어데블은 어떤 식으로 세상을 볼까? 스파이더맨은 어떻게 정제 단백질을 이용한 웹 슈터로 거미줄을 쏠 수 있는 걸까? 묠니르를 휘둘러 번개를 불러낼 때 토르의 머리 주변에 작용하는 힘은 무엇일까?

마블 유니버스가 던지는 의문을 해소하고 싶은 사람은 여러분만이 아니다. 아마 눈치채지 못했을 테지만, 이러한 의문은 서로 다른 분야의 과학을 이어주는 관문과도 같다.

놀랍게도, 영화에 등장한 거의 모든 기술은 상상의 산물이 아니라 실제로 존재한다! 그래서 앞으로 43개의 주제를 가지고 마블 시네마틱 유니버스 영화에 등장하는 장면을 살펴보고, 마블의 과학 설정과 이에 대응하는 현실 기술을 자세히 설명할 것이다.

마블 스토리의 작가와 연출자는 언제나 주변 세계에서 영감을 받는 듯 하다. 1950년대와 1960년대를 예로 들어 보자.

이때의 사람들은 원자 폭탄을 두려워했다. 이러한 집단 공포는 냉전 시대가 도래하면서 더욱 심해졌고, 방사능 거미나 감마선 폭발 사고에 관한 이야기에 기름을 부었다. 그 결과로 스파이더맨과 헐크가 탄생했다.

시간이 흘러 유전학이 보편적인 학문이 되자, 엄청난 힘을 발휘하는 돌연변이인 엑스맨이 나타났다. 마블 세계관에서 물리학, 유전학, 화학은 인류를 위협하는 존재가 아니라 우리를 앞으로 나아가게 만드는 존재이다.

여러분은 이제 이 책을 통해 과학도 소설만큼 재미있을 수 있다는 사실을 깨닫게 될 것이다.

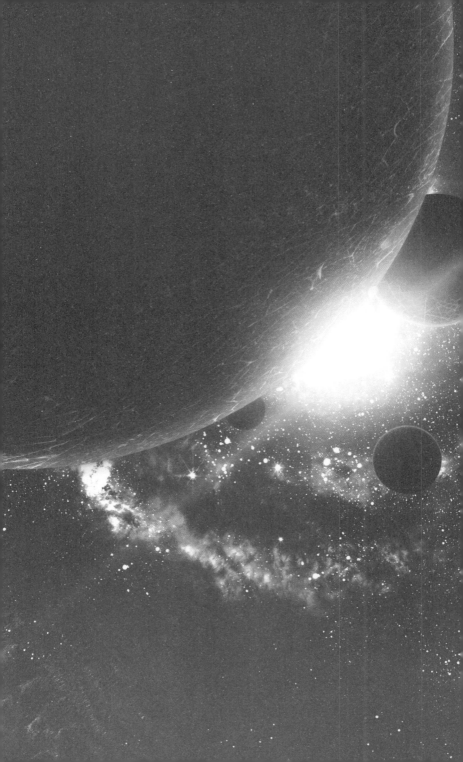

1장

복잡한 두뇌

호크아이의 궁술

★ 등장: 〈토르: 천둥의 신〉, 〈어벤져스〉, 〈어벤져스: 에이지 오브 울트론〉, 〈캡틴 아메리카: 시빌 워〉
★ 대상: 호크아이(클린트 바튼)
★ 과학 개념: 심리학, 시각 주의력, 궁술

소개

탁월한 궁술과 뛰어난 신체 기능을 갖추려면 오랜 기간 강도 높은 훈련을 받아야 한다. 궁술에서는 화살이 먼 거리를 날아가면서도 힘을 잃지 않고 목표를 꿰뚫을 수 있도록 시위를 강하게 당기는 힘을 키운다. 이 힘은 전신 단련과 자세 교정을 통해서 얻을 수 있으며, 나중에는 기계처럼 정확하게 화살을 쏠 수 있다. 또한 다른 운동선수와 마찬가지로 정지하거나 움직이는 목표에 시선을 고정하는 정신 수련 역시 빼놓을 수 없다. 클린트 바튼은 어떻게 평범한 인간에서 호크아이로 거듭날 수 있었을까?

마블 시네마틱 유니버스에 등장하는 호크아이는 절대 목표를 놓치지 않는 신기한 능력을 가진 쉴드S.H.I.E.L.D 요원이다. 모든 종류의 무기를 다룰 수 있지만 화살을 재사용할 수 있고 비밀 작전 수행에 적합한 활을 주로 사용한다. 호크아이는 무게 중심과 자세를 수시로 바꿔가며 일반 화살을 속사하거나, 장거리에서 특수 화살을 날려서 적을 사살한다. 고층 건물에서 낙하하고, 콘크리트에 갈고리 화살을 박아 넣으며, 보지 않고도 여러 명의 적을 처리할 수 있다. 초능력이 없는 인물이라는 사실을 고려하면 꽤 인상적이다.

마블의 과학

호크아이의 재능을 이해하기 위해서는 무기나 활을 다루는 요령은 물론이고 손과 눈의 완벽한 협응을 위해 어떤 훈련을 받는지 알아야 한다. 바튼은 쉴드 요원으로서 요구되는 숙련도를 갖추기 위해 다양한 상황에서 적을 처치할 수 있도록 오랫동안 반복하고 단련했음이 틀림없다. 이러한 훈련 체계를 통해 끌어올린 지각 능력 덕분에 전투 중 찰나의 순간에 적의 행동을 예상하고 판단을 내릴 수 있는 것이다. 영화에서 등장하는 호크아이의 능력이 비교적 단순해 보일지 모르나, 그의 전투 기술은 평생 몸과 마음을 단련한 결과물일 가능성이 크다.

호크아이는 목표를 쓰러뜨릴 때 컴파운드 보우와 리커브 보우를 사용해왔다. 두 활의 가장 큰 차이를 꼽자면 시위를 당기는 데 필요한 힘의 크기라고 할 수 있다. 리커브 보우는 시위를 당기면 당길수록 더 많은 힘이 필요하다. 반대로 컴파운드 보우는 처음에는 당기기 어려우나 끝까지 당겨 '렛 오프lets off' 상태가 되면 유지하는 데에는 힘이 크게 들지 않는다. 활의 양 끝에 있는 도르래가 시위에 가해지는 힘을 분산하기 때문이다. 렛 오프 기능은 근육이 피로를 느낄 때까지 걸리는 시간을 늘려주기 때문에 발사 준비 상태로 더 오랜 시간을 버틸 수 있다. 이는 적이 호크아이의 존재를 모르는 급습 상황에서 아주 유용하다. (예를 들면, 〈토르: 천둥의 신〉에서 토르 제거 임무에 투입되었을 때) 컴파운드 보우든 리커브 보우든 활을 다루기 위해서는 일정 수준 이상의 상체 힘이 필요하다. 화살로 로봇과 콘크리트를 꿰뚫을 수 있는 정도는 돼야 하기 때문이다(목표물과의 거리가 멀수록 필요한 힘은 더 커진다!).

호크아이가 발사 시기를 결정하는 기준은 무엇일까? 이를 알아내기 위해서는 호크아이가 노리는 목표물에 집중해야 한다. 빛이 뇌의 발사 명령 신호로 변환되기 전에 눈으로 들어오는 경로를 생각해보자(3장 인간 거짓말 탐지기 참조).

주변 상황 정보를 담은 빛이 호크아이의 눈으로 들어갈 때, 먼저 눈물막을 거쳐 굴곡진 각막을 통과한다. 각막은 빛을 모아서 홍채를 지나 동공으로 보낸다. 빛은 수정체를 거쳐 눈의 안쪽 층, 동공으로 모인다. 호크아이가 목표를 찾으면 눈은 긴장한다. 수정체는 두꺼워지고 동공은 수축한다. 목표가 멀어지면 수정체와 이어진 모양체근을 이완시켜서 수정체를 얇게 펴야 한다. 반대로, 목표가 접근하면 모양체근을 수축시켜서 수정체를 둥글게 만들어 가까워지는 상像에 집중해야 한다. 호크아이는 전투에서 자주, 신속하게 판단을 내려야 하므로 그의 모양체근은 긴장을 거듭하고 수정체는 끊임없이 모양을 바꾼다. 영화상에서 호크아이는 40대쯤으로 보이는데 이 나이대라면 아마 수정체의 유연성과 집중을 유지하는 능력이 예전 같지 않을 것이다. 모양체근이 현재 얼마나 잘 작동하는지는 관련이 없다. 호크아이의 눈과 사격술은 쉴드의 귀중한 자산이므로 실리콘 재질의 삽입형 안내렌즈를 이식받았을지도 모른다!

올림픽 양궁 선수는 움직이지 않는 과녁을 맞히는 훈련을 하므로 사실 호크아이와 비교하기에는 무리가 있다. 호크아이에게는 이러한 사치가 허락되지 않는다. 하지만 그가 시위를 잡아당기면서 손을 턱에 붙이는 동작에 일관성이 없다는 점에는 주목해 볼 필요가 있다.

목표물을 정확하게 조준하려면 시위와 시선을 일치시켜야 한다. 이 과정에서 변화가 생기면 뇌는 기술보다는 추측에 의존하여 목표를 맞추려고 한다. 일관성 없는 자세는 아마 그의 얼굴을 감상할 수 있도록 관객을 배려한 촬영 감독의 의도였을 것이다. 심지어 호크아이는 보지도 않고 목표를 맞히는 등의 다양한 고난도 기술을 구사한다. 단순히 운이 아주 좋아서일 수도 있지만 호크아이의 기술 몇 가지는 실제로 익힐 수 있다.

고대 유라시아 유목민의 기마 궁수가 사용하던 파르티안 궁법을 떠올려보자. 이들은 다리 힘만으로 말을 빠르게 몰면서 상체를 뒤로 돌려 자신을 쫓는 적에게 활을 쏠 수 있었다(발걸이도 없이!).

운동선수와 일반인을 대상으로 직접 연구한 결과, 기술

적인 측면 외에 시각 주의력시각 자극에 대한 주의-역자에서도 유의미한 차이를 발견할 수 있었다. 캐나다 캘거리대학교의 신체 운동학자인 조안 비커Joan Vickers 박사는 세계 최초로 골프 선수의 '안정적이고' '평온한' 눈을 연구한 과학자이다. 비커 박사는 우수한 성적의 선수들은 공을 치기 전, 치는 동안, 친 뒤에 시선을 길고 안정적으로 유지한다는 사실을 알아냈다. 축구, 농구, (당연한 이야기지만)양궁과 같은 다양한 운동 종목에서도 같은 결과가 나타났다. 경기 중인 선수들의 시선을 500~3,000ms로 분석한 결과, 운동선수는 일반인보다 시선을 유지하는 시간이 62% 길었으며 사고 속도를 늦추고 심장 박동을 지연시키는 방법으로 흥분을 가라앉혀 차분한 상태를 유지했다. 베테랑 운동선수는 이러한 시선 행동을 자연스럽게 구사했으며, 트레이너들은 선수의 기량을 높이기 위해 '평온한 눈Quiet eye training' 훈련을 실시했다.

2001년, 비커 박사는 세 개의 대학 농구팀을 모집해 두 차례에 걸친 연구를 수행했다. 세 팀 중 한 팀만 림과 백보드에 시선을 고정하는 반복 숙달 과정을 포함한 평온한 눈 훈련을 받았다. 두 차례의 대조 연구에서 평온한 눈 훈련을 받은 농구팀이 두 대조군에 비해 슈팅 정확도가 눈에 띄게 향상되었음을 확인할 수 있었다.

평온한 눈 훈련은 운동 기능에 긍정적인 영향을 미치는 것 외에도, 선수가 높은 스트레스를 받는 상황에서 본래의 실력을 발휘할 수 있도록 도와주는 효과가 있다. 잉글랜드 엑서터대학교의 새뮤얼 바인Samuel Vine 박사는 참가자들에게 8일 동안 총 520회의 자유투를 던지게 하는 연구를 진행했다. 참가자들은 평온한 눈 훈련 또는 기술 훈련을 받은 다음, 높은 스트레스를 받는 환경에 노출되었다. 연구자들은 고등학교 농구팀 코치처럼 엄한 태도로 참가자들에게 '당신은 하위 1/3 집단에 속하며 굉장히 낮은 성적을 받았기 때문에 연구에서 중도 탈락할 수도 있다'고 말했다. 대조군은 이 정보를 듣고 스트레스를 받아 정확성을 상실했으나 평온한 눈 훈련을 받은 실험군은 그렇지 않았다. 평온한 눈 훈련의 지속 시간에 관련된 정확한 신경 메커니즘은 추가적인 연구가 필요하지만, 클린트 바튼과 같은 평범한 인간이 절대 목표를 놓치지 않는 호크아이로 거듭날 수 있었던 이유가 여기에 있을지도 모른다.

맨티스의 공감 능력

★ 등장: 〈가디언즈 오브 갤럭시 VOL. 2〉, 〈어벤져스: 인
       피니티 워〉
★ 대상: 맨티스
★ 과학 개념 소개: 공감, 인지, 신경 과학

소개

우리는 다른 사람과 관계를 맺을 때 상황을 이해하기 위해 다양한 사회적 단서를 사용한다. 대화를 나누려는 사람이 웃고 있다면 미소를 띤 채 다가가 말을 걸고, 울고 있다면 못 본 척하고 조용히 자리를 비켜주는 것이 일반적인 반응이다. 대부분의 사람들은 상황 속에서 알아낸 사회적 신호에 따라 행동한다. 하지만 이 역시 감정 상태, 느낌, 개인 사정에 따라 달라진다. 예를 들어 힘든 하루를 보내고 집으로 돌아왔을 때는 사람들의 웃음소리가 들려도 미소를 지으며 대화에 낄 여력이 없는 것처럼 말이다. 이처럼

우리의 공감 능력은 사회적 상황에서 주변 사람의 생각과 감정을 이해할 수 있도록 도와준다.

줄거리

〈가디언즈 오브 갤럭시 VOL. 2〉에서 처음 등장한 곤충형 외계인 맨티스는 셀레스티얼인 에고의 수양딸로, 다른 생명체와의 사회적 상호 작용에 대해서는 거의 아는 바가 없다. 그래서 농담이나 비유를 잘 이해하지 못하고 종종 다른 이를 불편하게 만드는 모습을 볼 수 있다. 흥미롭게도 맨티스는 부족한 사회 지능을 생명체와의 피부 접촉과, 그의 머리 위에 달린 빛나는 더듬이를 통한 공감 능력으로 보완한다. 맨티스에게는 다른 생명체의 감정 상태를 보고 제어할 수 있는 능력이 있으며, 이 힘을 사용해서 피터 퀼이 가모라를 사랑한다는 사실을 알아내거나 에고나 타노스처럼 강력한 존재를 무력화할 수 있었다.

마블의 과학

맨티스는 감각 기관으로 활용하는 한 쌍의 더듬이 때문에 곤충 같은 인상을 준다. 그가 교감 대상과 접촉하여 신비한 능력을 사용할 때면 더듬이가 빛을 발하는 모습을 볼 수 있다. 어쩌면 이 더듬이는 주변에서 화학 정보를 탐지하여 다른 사람의 정서 상태를 이해하는 데 도움을 주는 기관일 수도 있다. 능력을 사용하는 데 필요한 것은 아니지만, 뇌의 후각 망울과 이어진 감각 뉴런에 후각 정보를 추가로 보내는 방식으로 공감 능력을 강화하는 것이다. 안테나가 빛나는 원리는 지구의 곤충이 의사소통 목적으로 사용하는 생물 발광 반응과 유사할지도 모른다.

신체 접촉이 필요하다는 점을 생각해 봤을 때, 맨티스는 피부 전도성 변화를 통해 감정 상태를 파악하는 것으로 추측해볼 수 있다. 사람의 피부 전도성은 (보통 감정 상태라고 부르는)각성 상태에 따라 변하며, 이 반응은 에크린샘이 밀집된 손바닥이나 발바닥에서 측정할 수 있다. 에크린샘은 체온을 떨어뜨려야 할 때 수분을 피부층으로 분비하는 역할을 하며, 대뇌변연계의 지시를 받는 교감 신경계와 직접 연결되어 있다. 다시 말해 에크린샘에서 일어나는 생리 반응은 의식적으로 조절할 수 없으며, 의지와는 상관없이 아주 미묘한 방식으로 감정을 드러낸다는 뜻이다. 맨티스가 안테나를 이용해 피부에 흐르는 희미한 전류와 페로몬을 감지할 수 있다면 상대방의 정서 상태를 읽어낼 수 있을지도 모른다.

이해를 돕기 위해 〈가디언즈 오브 갤럭시 VOL. 2〉의 한 장면을 살펴보자. 드랙스는 타노스에 의해 살해당한 아내와 딸에 대한 슬픔을 털어놓는다. 드랙스가 아주 충격적인 기억을 떠올리는 순간, 뇌의 변연계는 에크린샘으로 땀을 배출하라는 신호를 받는다. 전신의 땀샘에서 분비한 독특한 화학 물질인 페로몬이 증발하면서 피부 전도성이 즉각 하락한다. 증발한 페로몬이 더듬이의 수용기와 결합하면 맨티스는 드랙스의 고통을 함께 느낄 수 있다.

신체 접촉을 통해 피부 전도성까지 알아내면 공감 능력은 더욱 정교해진다. 이러한 정보는 대뇌 피질 모서리 위이랑supramarginal gyrus, 다시 말해 두정엽, 전두엽, 측두엽의 중간 지점으로 모인다. 이 부위는 다른 사람에 대한 감정을 식별하는 역할을 하는 것으로 알려져 있다. 맨티스는 드랙스의 기억까지 정확하게 읽을 수는 없지만, 심오한 방식으로 고통을 함께 나눌 수는 있다. 말이나 몸짓을 통해 주어지는 사회적 신호를 이해할 수는 없어도 자신만의 방법으로 드랙스와 교감하고 있는 것이다.

실생활에서의 과학

우리의 공감은 인지적 공감과 정서적 공감으로 구분할

수 있다. 인지적 공감은 상대의 감정을 파악하는 일정 수준의 객관성이 있어야 하는 반면, 감정적 공감은 상대의 감정 상태에 대한 반응이 필요하다.

현재 우리가 공감 능력을 이해할 때 가장 많이 의존하는 방식은 여러 가지 상황에서 공감에 반응하는 다양한 뇌 부위간의 관련성을 탐구하는 뇌 영상 연구이다.

독일 막스 플랑크 연구소의 타니아 싱어Tania Singer 박사는 공감의 정서적인 측면과 우리의 정서 상태가 공감에 어떤 영향을 미치는지 알아보는 연구를 진행했다. 쌍을 이룬 참가자들은 유쾌하거나 불쾌한 시각과 촉각 정보를 이용하여 짝에 대한 자신의 감정을 평가해 달라는 요청을 받았다. 참가자의 뇌를 관찰한 결과, 자기중심성을 억제하는 부위인 모서리 위 이랑 우측(대뇌 피질의 깊은 주름)이 활성화되었다. 이 말인즉슨, 우리는 선천적으로 자신의 감정을 먼저 생각한다는 것이다. 경두개 자기 자극법을 활용하여 이 부위에서 일어나는 활동을 방해하자 자신의 감정을 짝에게 투영할 가능성이 올라갔다.

버키 혹은 윈터 솔져, 기억 말소

★ 등장: 〈캡틴 아메리카: 윈터 솔져〉, 〈캡틴 아메리카: 시빌 워〉

★ 대상: 윈터 솔져(버키 반즈)

★ 과학 개념: 학습, 기억, 신경 과학

소개

　사람은 삶에서 많은 것을 경험한다. 영향력 있는 인맥을 형성할 수도 있고, 세상에 대해 깊게 배울 수도 있으며, 유산을 사회에 환원하여 더 나은 세상을 만드는데 공헌할 수도 있다. 경험은 사람의 행동에 영향을 미칠 뿐 아니라 다양한 방식으로 정체성을 형성한다. 만약 정체성에 대한 추상적인 생각을 물리적인 상태로 표현한다면 아마 뉴런 사이에 연결의 형태로 저장된 행동 패턴과 기억으로 나타날 것이다. 우리는 지난 수 세기 동안 이러한 연결이 어떻게 정보를 저장하고, 검색하도록 하는지에 대해 파헤쳐

보았다. 그렇다면 기억을 지우거나, 버키 반즈가 윈터 솔져로 변하는 것처럼 아예 새로운 기억을 이식하는 것도 가능할까?

줄거리

〈캡틴 아메리카: 윈터 솔져〉와 〈캡틴 아메리카: 시빌 워〉에서 버키 반즈는 히드라 소속 과학자 아르님 졸라에게 세뇌당한다. 졸라는 버키의 기억을 지우고 그가 히드라의 지시에 따르도록 훈련시킨다. 시간이 흐르면서 버키는 정체성, 과거의 기억, 신념을 잃어버리고 윈터 솔져로 변한다. 세뇌 효과는 아주 강력해 히드라 요원의 명령을 받은 버키는 어린 시절 가장 친한 친구였던 스티브 로저스에게 칼을 휘두르고, 목을 조르며, 로켓포를 발사한다. 버키의 세뇌는 〈캡틴 아메리카: 시빌 워〉에서 여러 가지 일을 겪고 와칸다에서 재활 훈련을 하며 차츰 사라진다.

마블의 과학

마블 시네마틱 유니버스에서는 히드라가 버키 반즈를 인간 병기 윈터 솔져로 개조하기 위해 정체성을 완전히 지워버린다. 〈캡틴 아메리카: 윈터 솔져〉에서는 기억을 지우기 위해 여러 차례 전기 경련 요법을 실시하는 모습을 볼 수 있다. 전극을 관자놀이에 대고 전기 펄스를 두개골에 흘려보내면 발작을 유발하는 대규모의 신경 점화가 발생한다. 전기 경련 요법을 받으면 운동 기능, 문제 해결, 기억, 언어, 판단, 충동 조절, 사회적, 성적 행동과 같이 다양한 행위를 주관하는 전두엽과 측두엽의 활동이 크게 변한다. 이후 시간이 흐르면 신경 활동이 둔해지며 뇌 혈류가 낮아지고 버키의 뇌축과 도파민계에 변화를 유발하는 강한 트라우마가 나타난다. 이는 뉴런의 이상 점화를 유발할 뿐 아니라 스트레스 호르몬과 도파민이 폭포처럼 쏟아지면서 시냅스를 덮쳐 뇌 전반, 특히 인지 과정의 재설계를 유발한다.

히드라는 전기 경련 요법의 한계를 보완하기 위해 약물을 사용하기도 했다. 알코올이나 벤조다이아제핀 같은 약물을 여러 종류, 다량으로 투약하면 장기 기억 형성을 막을 수 있다. 이는 아마 윈터 솔져 이전 버키의 기억을 없애는 작업보다 최근 임무에서의 기억을 지우는 일에 더 효과적이었을 것이다. 약물을 통한 기억 상실은 혼수상태를 유발하는 용도로 사용할 수도 있으므로 윈터 솔져를 냉동시킬 때도 같은 약물을 투여했을 가능성이 높다. 평범한 사람이라면 과다 복용 증상이 나타나 버티지 못했을 테지만 버키에게는 슈퍼 솔저 혈청이 있다. 아르님 졸라는 그에게 이러한 회복력이 있다는 사실을 알고 있으므로 일반인이었다면 사망했을 정도로 약물을 투여했을 가능성도 있다. 기억과 정체성을 잊어버린 버키는 세뇌에 취약한 상태가 된다.

이러한 방식으로 버키를 무자비한 살인마 윈터 솔져로 개조했다는 사실이 믿기 어렵겠지만, 미 육군 보병 시절 버키가 받은 훈련은 윈터 솔져의 역할 수행에 최적화되어 있다는 점에 주목해야 한다. 윈터 솔져가 되기 전, 버키는 이미 군의 지휘 계통에 복종하며 다양한 무기를 다루고, 근접전 역시 훈련받았다. 히드라는 그가 자신들의 명령에 복종할 수 있게 신념 체계를 바꾸었을 뿐이다.

정신 개조 과정은 버키를 예전 삶에서 격리하는 것으로부터 시작한다. 과거를 생각나게 하는 모든 것은 정체성을 정의하고 구성할 수 있기 때문에 히드라의 기억 수정 작업과 충돌한다. 예전의 기억으로부터 버키를 격리하면 행동 패턴을 모두 통제할 수 있을 뿐 아니라, 통제자에 대한 의존성을 높이는 효과를 볼 수 있다. 졸라는 버키가 친구, 가족, 나라를 의심하도록 만들었으며, 히드라의 신념에 일치하는 반복 행동 패턴을 강화했다. 혼란 속에 빠진 버키는 졸라가 그려놓은 그림 안에서 자신이 해야 할 역할을 찾고, 히드라 요원들은 이를 이용한 사회적 조건화를 통해 거짓 기억을 심었다.

실생활에서의 과학

버키 반즈가 기억과 정체성을 잃은 이유를 이해하려면 윈터 솔져가 되기 전의 기억이 어떻게 재배열되었는지 짚고 넘어가야 한다. 〈캡틴 아메리카: 시빌 워〉에서 스티브 로저스가 언급했던 소중한 추억을 생각해 보자. 스티브와 버키는 함께 핫도그를 먹고 이성에게 잘 보이고 싶은 마음에 차비까지 다 써버려 냉동 트럭 뒤에 타고 집으로 돌아가야 했던 기억을 떠올린다. 스티브나 버키가 기억을 떠올릴 때마다 기억은 변화한다. 세포 수준으로 들여다보자.

'냉동 트럭', '핫도그', '돈'과 같은 생각을 떠올리는 신경망 네트워크가 통합되면서 기억을 강화한다. 네트워크를 구성하는 뉴런은 뉴런 간의 화학적 의사소통을 중매하는 수용기의 숫자를 바꾸어 발화 정도를 높인다. 곧 이 기억은 스티브 같은 친구와의 유대를 높이는 중요한 기억이 된다. 기억을 지우려면 분자와 세포 단위에서 이 과정을 역으로 진행해야 할 것이다.

동료 심사를 마친 논문으로 증명할 수는 없으나, 세뇌를
통한 행동 제어는 행동 패턴에 영향을 끼치는 수단으로 사
용할 수 있으며, 행동은 준수(개인의 신념 무시) 혹은 설득(개인
신념 변화)을 통해 강요할 수 있다. 지금까지 몇몇 나라와 종
교가 개인의 신념 체계를 바꿀 때 사용했던 방법을 참고하
면 유사한 부분을 찾아볼 수 있다.

보통 세뇌 과정은 대상자의 행동 패턴에 대한 모든 통
제권(수면, 식사, 배설 등)을 가진 전문가를 통해 진행한다. 목
적은 대상의 정체성을 특정 수준으로 낮추어 새로운 신
념을 주입하는 것이다. 보통 공동체 내의 사회적 영향, 동
료 압력, 사회적 배제로 대상을 위협해 효과를 높일 수 있
다. 한국 전쟁 당시 많은 전쟁 포로가 적군에게 세뇌당했
다고 생각했지만 사실 외로움, 두려움, 고문(준수)에 굴복했
을 뿐 세뇌는 일어나지 않았다. 한국 전쟁이 끝나기 전까
지 7,000명 이상의 미군 포로가 발생했으며, 실제로 신념
의 변화(설득)를 이유로 귀국을 거부한 사람은 21명에 불과
했다. 구출된 전쟁 포로는 예상대로 빠르게 정체성을 되찾
아 사회에 자리를 잡았다.

하나의 기억이 전체 기억을 바꾸거나, 완전히 다른 기억과 합쳐질 수 있다는 사실을 이용하여 기억을 수정하거나 새로운 기억을 이식하는 방법도 있다. 미국 워싱턴대학교의 엘리자베스 로프터스Elizabeth Loftus 박사가 진행한 대규모 연구에서는 실제로 일어나지도 않은 일을 새로운 기억으로 이식하는 실험에 성공했다. '쇼핑몰의 미아lost in the mall'로 알려진 이 연구의 지원자 그룹은 실험 대상자 한 명과, 대상자보다 나이가 많은 형제자매나 부모님으로 이루어져 있었다. 피실험자들은 자신이 4살~6살 사이에 벌어진 네 개의 이야기가 담긴 책을 받았는데, 그중 하나는 꾸며낸 이야기였다. 거짓 이야기의 내용은 피실험자가 5살 무렵, 대형 쇼핑몰에서 길을 잃고 헤매다가 어떤 할머니의 도움을 받아 가족과 다시 만날 수 있었다는 것이다. 몇 주 동안 책을 반복해서 읽은 뒤, 37%의 참여자는 일어나지도 않은 일을 실제 자신의 기억이라고 생각하게 됐다.

정신 지배

★ **등장:** 〈어벤져스〉, 〈어벤져스: 에이지 오브 울트론〉, 〈캡
틴 아메리카: 시빌 워〉, 〈어벤져스: 인피니티 워〉

★ **대상:** 에릭 셀빅, 호크아이(클린트 바튼), 스칼렛 위치(완
다 막시모프), (마인드 스톤을 소유한)로키

★ **과학 개념:** 경두개 자기 자극법, 광유전학

소개

우리가 뭐든 생각할 때마다 머릿속에서는 물리적, 화학
적, 생리적 과정이 일어난다. 하지만 현재 이 과정을 모두
이해하고 있다고 확신할 수는 없다. 우리가 알고 있는 사
실은 뇌 안의 세포가 화학적 신호와 전기적 신호를 섞어서
의사소통한다는 것이다. 만약 단일 뉴런, 뉴런 회로, 회로
패턴의 발화를 완벽하게 제어할 수 있다면 행동 역시 조
절할 수 있을 것이다. 그렇다면 현재의 지식과 기술로 다
른 사람의 행동을 제어하는 것이 가능할까? 마블 시네마
틱 유니버스의 스칼렛 위치나 로키(정확히는 셉터에 장착된 마인

드 스톤)처럼 정신을 지배할 수 있을까?

마블 시네마틱 유니버스를 살펴보면 어벤져스는 정신 지배 능력을 사용해 상대를 쓰러뜨리기도, 반대로 위기를 맞이하기도 했다. 가장 먼저 정신 지배를 사용한 인물은 로키이다. 그는 〈어벤져스〉에서 치타우리 셉터에 장착된 마인드 스톤의 힘으로 호크아이와 에릭 셀빅을 세뇌했다. 볼프강 폰 스트러커 역시 마인드 스톤을 이용해 완다 막시모프(스칼렛 위치)에게 염동력과 정신 지배 능력을 주입했다. 이 힘을 이용해 완다는 〈어벤져스: 에이지 오브 울트론〉에서 헐크가 어벤져스를 공격하게 만들고 블랙 위도우, 캡틴 아메리카, 아이언맨, 토르를 환각 상태에 빠트려 그들이 가장 두려워하는 악몽을 보게 했다. 이렇듯 다른 사람의 생각을 제어하고 환각을 일으키는 힘은 무엇일까?

마블의 과학

완다의 능력이 마인드 스톤에 뿌리를 두고 있다는 점을 생각해 봤을 때, 이는 마인드 스톤이 가진 힘의 하위 호환이라고 볼 수 있다. 그렇다면 마인드 스톤이 대상을 며

칠이고 제어할 수 있는 반면 완다의 힘은 일시적이고 감정 상태에 따라 세기가 달라지는 것을 설명할 수 있다. 스칼렛 위치의 코믹스 설정과 인피니티 스톤의 성질을 고려하면, 그의 능력은 손의 움직임을 통해 강력하고 국부적인 자기장을 만들어 내는 것이다. 비침습성 시술인 경두개 자기 자극법TMS이 뇌 일부에서 벌어지는 활동을 자극하거나 차단할 수 있는 원리와 같다. 전기와 자기가 사실 같은 현상의 다른 형태라는 사실을 떠올려보자. 코일을 따라 전류가 흐르면 자기장이 형성되어 극성을 띤다. 반대로 강한 자기장 역시 전류를 조절할 수 있다. 경두개 자기 자극법은 강한 전자기력을 뇌의 표면에 가하여 주 표적 근처 뉴런의 탈분극을 유발해 활동성을 높인다.

완다가 엄지와 검지를 붙이는 제스처를 통해 코일을 만들어 내고 마음대로 제어할 수 있는 국소 자기장을 형성해 전류를 전도한다고 상상해 보자. 코일은 표적의 두피와 두개골을 타고 흐르는 전류를 생성하여 뇌의 신경 집단에 영향을 준다. 뇌신경 과학, 뇌 기능에 대한 고급 실용 지식이 필요한 능력을 사용하는 것으로 보아 완다는 신경학을 박사 수준으로 이해하고 있다. 이러한 전문 지식을 이용해 서로 다른 부위의 뉴런을 마음대로 억제하고 흥분시켜 상대가 자신이 원하는 행동을 하도록 유도하는 것이다. 만약 만들어 내는 자기장 영역을 단 하나의 뉴런으로 집중할 수 있다면 더 강력한 통제도 가능하다!

(전자기장을 생성하는)초전도 코일을 만들어내는 능력이 기존 경두개 자기 자극법 장비와 같은 원리라면 뇌 피질에서 3~6㎜ 아래에 접근할 수 있다. 물론 자기장이 강하다면 더 깊은 곳까지 도달할 수도 있다. 완다는 아이언맨에게 환각을 주입하기 위해 피질하층과 둘레 계통에 파동을 보내 신경 전달 물질 방출과 외상 후 스트레스 장애PTSD를 유발했을 것이다. 환각은 뇌의 다른 부위에도 영향을 미치는데, 시각과 청각 그리고 다른 감각 피질 사이의 결합이 형성되면서 환각이 더욱더 생생하게 느껴지도록 한다. 완다가 목표에 은밀하게 접근할 수 있는 점으로 보아, 시각을 처리하는 후두엽을 마인드 스톤의 능력으로 강화했을지도 모른다. 후두엽은 머리 뒤편(3장 인간 거짓말 탐지기 참조)에 위치한다. 다행히 완다는 마음을 바꾸어 악에 맞서게 되었으며, 염동력과 정신 지배를 사용할 수 있다는 점에서 아주 강력한 어벤져스로 평가받고 있다.

우리는 여러 가지 비침습성 기술을 사용하여 다른 사람에게 다양한 행동을 유도할 수 있다. 이론상으로는 경두개 자기 자극법을 강도 높게 사용하면 두뇌 피질층의 뉴런 점화를 조절할 수 있다.

오스트리아 인스브루크대학교의 알렉산더 캔들Alexander Kendl 박사와 조셉 피어Joseph Peer 박사는 번개가 경두개 자기 자극법과 비슷한 자기장을 생성할 수 있다는 가설을 제시했다. 이에 따르면 번개가 내리친 곳의 반경 20~200m 내에 있던 사람들은 둥근 공 모양의 불빛이나 '구전광'이라는 희귀한 현상에 노출될 수 있다. 임상 수준에 관한 자료로는 미국 캘리포니아대학교 신경 과학 및 인간 행동 연구소의 이안 쿡Ian Cook 박사가 진행한 연구가 있다. 경두개 자기 자극법으로 뉴런 재배열을 유도하여 우울증 치료에 사용한 것이다. 현재 경두개 자기 자극법은 우울증 치료 목적에 한하여 임상 사용이 허가되었지만 다른 연구에서 만성 통증, 편두통, 불안 완화에도 효과가 있다는 사실이 밝혀졌다. 경두개 자기 자극법 기술이 감정 상태와 정서에 영향을 미칠 수 있다고는 해도 마블 시네마틱 유니버스에서처럼 뇌 기능 전체를 원하는 즉시 정교하게 제어하는 일은 불가능하다.

임상적인 면 외에도 경두개 자기 자극법은 살아 있는 인간의 뇌가 어떻게 기능하는지 이해하는 데 큰 도움이 된다. 미국 메사추세츠 공과대학교의 레베카 색스Rebecca Saxe 박사가 진행한 연구를 보면 연구자들은 경두개 자기 자극법을 사용하여 개인의 도덕적 판단을 바꿀 수 있었다. 색스 박사는 이전 연구에서 피실험자에게 특정 인물의 의도를 평가해 달라는 요청했을 때 뇌에서 활성화되는 부분이 측두정엽이라는 사실을 알아냈다. 이 사실을 검증하기 위해 색스 박사는 피실험자에게 악당이 다른 사람들에게 명백하게 나쁜 행동을 하는 이야기를 들려주는 실험을 진행한다. 피실험자는 이야기를 다 듣고 나서 악당의 행동이 얼마나 잘못되었는지 1부터 7까지 숫자로 평가했다(1 = 절대 허용할 수 없다, 7 = 완전히 허용한다). 경두개 자기 자극법으로 측두정엽에 영향을 주었던 비교군을 제외한 거의 모든 피실험자는 고민도 하지 않고 악당에게 가장 낮은 점수를 주었다. 뇌 기능 제어 장비가 없었다면 이러한 연구도 없었을 것이다.

반대로 가장 침습적인 수준을 다루어 보자면, 우리는 유전자 조작을 통해 뉴런 점화를 유발하며 빛에 민감한 통로 단백질을 응용하여 뇌 기능을 제어할 수 있다. 미국 스탠퍼드대학교의 칼 다이세로스Karl Deisseroth 박사가 개척한 이러한 접근법을 '광유전학'이라고 한다. 다이세로스 박사는 이 기술을 사용하여 녹조류에서 채취한 빛에 민감한 채널 단백질을 변형한 다음 쥐의 뇌에 이식했다. 빛을 받아 활성화된 채널 단백질은 세포막의 전위를 바꾸어 뉴런 점화를 유발한다. 형질 전환 쥐나 바이러스를 이용해 뇌의 특정 부분에 조류 단백질을 이식하고 뇌, 내부에 삽입한 광섬유를 이용하여 신경 회로를 원격으로 제어할 수 있다. 이 기술은 신경 과학 분야에서 배고픔, 성적 흥분, 갈증, 기억 등의 행동과 관련된 신경 회로를 이해하기 위해 널리 사용됐다. 게다가 다양한 채널 단백질은 각각 다른 빛의 파장에 반응하기 때문에 연구자들이 뉴런의 점화 상태에 관한 목록을 만드는 작업도 가능하다. 현재 광유전학은 기본적인 연구 질문에 가장 많이 사용되지만 시각 장애인의 시력 회복에도 응용 가능성이 있다는 평가를 받고 있다.

마블이 설계한 사소하고 위대한 과학

2장

신비한 생물들

셀레스티얼의 동화

★ 등장: 〈가디언즈 오브 갤럭시 Vol. 2〉
★ 대상: 에고, 스타로드(피터 퀼), 메레디스 퀼
★ 과학 개념: 유전자 구성, 교잡, 단성 생식

소개

우리는 단세포 배아 단계에 들어가기 전부터 아버지와 어머니의 유전 정보를 가지고 있다. 시간을 돌려 몇 초 전으로 가보자. 정자와 난자의 유전 물질이 함께 얽히며 아기를 만들기 위한 설계도를 그리고 있다. 생식 세포들은 건강한 후손을 만들기 위해 몇 가지 규칙에 따라야 한다. 상황에 따라 규칙을 유동적으로 적용해야 할 때도 있다. 만약 서로 다른 종의 정자와 난자가 만나면 무슨 일이 일어날까? 한 유전자를 잘라내고 다른 유전자로 바꿀 수 있을까? 셀레스티얼인 에고가 인간을 비롯한 많은 외계 종족과 종을 초월한 사랑을 나눌 수 있던 이유를 생물학의 관점으로 살펴보자.

줄거리

〈가디언즈 오브 갤럭시 Vol. 2〉에서 영웅들은 셀레스티얼의 후손인 에고와 마주친다. 셀레스티얼은 우주에서 가장 오래되고 강력한 존재이다. 에고는 주변 물질을 조작하여 아름다운 분수부터 자신의 뇌를 보호하는 미행성까지 원하는 것은 모두 만들어 내는 유일무이한 능력이 있다. 게다가 자신의 유전 정보를 가진 외계 종족 형상의 아바타를 만들어 낼 수도 있다. 에고는 자신의 아바타를 이용해 다른 행성의 생명체와 후손을 낳고, 자신의 능력을 물려받은 자식을 이용해 우주 전체를 집어삼키려고 했다. 하지만 전지전능한 에고도 피터 퀼을 만들기 전까지 자신의 셀레스티얼 유전자를 물려주는 데 실패했다. 에고가 다양한 종족의 여성에게 자신의 DNA를 넘겨줄 수 있었던 이유는 무엇일까?

마블의 과학

〈가디언즈 오브 갤럭시 Vol. 2〉에서 벌어진 사건을 천천히 되짚어보면, 에고는 셀레스티얼의 힘을 가진 자식을 낳는 일에 굉장히 집착하는 것처럼 보인다. 셀레스티얼을 만들겠다는 일념으로 자신의 아바타를 이용해 우주 전역에 씨를 뿌린다. 또한 이렇게 만들어 낸 자식이 셀레스티얼의 힘을 받지 못했다고 판단되면 가차 없이 죽이고 계속해서 사명을 이어갔다.

유전 법칙을 지구 밖에서도 적용할 수 있다고 가정해 보자. 에고는 구식이지만 효율적인 방법을 통해 자손에게 유전자를 물려주려고 한다. 하지만 종을 초월한 사랑으로 자식을 보기 위해서는 다른 방법이 필요하다. 만약 에고가 수천 번을 시도할 동안 이 사실을 몰랐다면 피터 퀼은 어떻게 셀레스티얼의 유전자를 가지고 태어날 수 있었던 걸까?

인간을 비롯한 유성 생식을 하는 대부분의 동식물은 남성과 여성이 각자의 유전 물질(정자와 난자)을 결합하는 방식으로 번식한다. 번식은 여건이 허락하는 한 유전자를 다양화하는 쪽으로, 그리고 선택할 수 있는 생물학적 특징의 영역을 넓히는 방향으로 진화했다. 하지만 에고가 목적을 달성하기 위해서는 메레디스 퀼의 난자가 수정하는 순간 아주 중요한 과정이 순조롭게 일어나야만 했다.

정자와 난자가 만나 중기에 접어들면 난자의 23개 염색체가 세포 가운데에 일렬로 늘어선다. 꼬리를 버린 정자 역시 23개 염색체를 일렬로 풀어놓기 시작한다. 염색체는 복제되어 짝을 짓고 딸세포에 전달될 준비를 한다. 이 과정에는 아주 큰 문제가 있다. 만약 에고의 짝이 32, 40, 200개의 염색체를 가지고 있다면? 어떤 회충은 2개의 염색체를, 어떤 소라게는 254개의 염색체를 가졌다. 이런 경우 에고는 짝을 찾을 때마다 염색체의 단백질 구성을 바꾸어 유전체를 갈아엎어야 한다. 그렇다면 매번 복잡한 작업을 거치느라 원대한 계획의 진행이 느려졌을 것이며, 셀레스티얼 유전자를 물려받은 아이가 탄생할 확률이 굉장히 낮다는 사실도 설명이 된다. 에고가 셀레스티얼의 힘이 담긴 유전자에 대해 알고 있었다면 한 번에 성공했을 것이다. 그렇지 않은가?

에고가 자신의 셀레스티얼 유전자를 가진 아바타로 위의 실험을 하고 있었다고 가정해보자. 이런 경우라면 상대 종족의 염색체와 정확히 같은 크기와 구조로 합성한 염색체를 늘어놓아야 하는데 이는 사실 불가능에 가깝다. 우리가 에고라면 이러한 난관을 극복하기 위해 측면 유전자 전이를 통해 유전 물질을 조금씩 전달하는 우회로를 생각해 볼 수 있다. 그러면 에고는 정자가 아니라 하나의 바이러스가 되어 유전체 일부를 지우고 메레디스 퀼의 난자를 감염시켜서 셀레스티얼의 힘이 담긴 유전체 일부를 아이에게 물려줄 수 있을 것이다. 하지만 이 방법 역시 난자를 수정시킬 수는 없다(염색체가 절반뿐이라 체세포 분열이 불가능하다). (에고의 유전자와 결합한)수정하지 않은 난자에서 배아를 만들어내는 유일한 방법은 단성 생식뿐이다. 체세포 분열로 완전한 염색체를 가진 성세포를 생성해야 하는데, 포유류의 난자에 전기 자극과 화학 자극을 가해 배아 형성을 유도하는 방식을 사용할 수 있다. 어쩌면 마블 시네마틱 유니버스에서 피터 퀼의 외모가 셀레스티얼이 아닌 인간에 가까운 이유가 여기에 있을지도 모른다. 너무 비현실적이라고 생각하는가? 우리는 지금 괴상한 뇌 행성이 인간 여성과 짝짓기 하는 방법을 논하는 중이었다.

실생활에서의 과학

이제 진짜 세계로 눈을 돌리면 서로 가까운 관계에 있는 두 종(보통 같은 속)을 교잡하는 경우를 찾아볼 수 있다. 예를 들어 당나귀(염색체 62개)와 말(염색체 64개)을 교잡하면 노새가 태어난다. 이 경우, 부모의 염색체가 유전적으로 비슷하여 성공적인 세포 분열이 일어난다. 하지만 노새는 유전 구조상(염색체 63개) 생식 세포를 만들 수 없으므로 불임 상태가 된다. 상대의 염색체와 짝을 짓고 수정에 이르기 위해서는 생식 세포가 짝수의 염색체를 가져야 하기 때문이다. 게다가 말과 당나귀 사이의 유전 정보 차이 때문에 노새의 정자나 난자는 성숙하지 못한다.

교잡 과정을 자세히 살펴보면 수정이 일어나는 동안 유전체 각인이 아주 중요한 역할을 한다는 사실을 알 수 있다. 유전체 각인은 부계 혹은 모계 유전자 중 하나만 자식 세대에서 활성화되는 현상이다. 사람을 예로 들어보자.

자식이 부모에게 받은 염색체 속에는 모계 유전자를 활성화 하되, 같은 유전자 내의 부계 유전자는 비활성화하라는 지시가 각인된 80여 개의 유전자가 존재한다(물론 역의 경우도 성립한다). 각인된 유전자의 대다수는 태내 발달과 생후 발달 과정에서 큰 영향을 끼친다. 수컷 사자와 암컷 호랑이의 교잡(라이거), 그리고 암컷 사자와 수컷 호랑이의 교잡(타이온)이 좋은 본보기이다. 라이거와 타이온 모두 사자와 호랑이 사이에서 태어난 새끼지만 부모의 유전자가 각인되는 방식에서 차이가 있다. 덩치가 작은 타이온은 호랑

마블이 설계한 사소하고 위대한 과학

이를 더 닮았으며 몸집이 큰 라이거는 사자를 더 닮았다. 극히 드문 경우를 제외하면 타이온과 라이거는 새끼를 낳을 수 없다.

귀한 지식

드물기는 해도 노새 같은 잡종이 새끼를 낳는 경우도 있다. 콜로라도의 콜브랜 마을에서 암컷 노새가 새끼를 낳은 정황이 의심되어 유전자 검사를 한 결과 모녀 관계가 맞다는 사실이 드러났다. 하지만 노새의 아버지인 당나귀의 유전자는 새끼 노새에게서 발견할 수 없었는데 이는 노새의 몸에서 단성 생식이 일어나기 전에 부계 유전체가 배제되었음을 의미한다(수정 없이 난자가 배아가 된 경우라고 할 수 있겠다).

단성 생식은 곤충류, 파충류, 상어류 등 동물계에 속하는 다양한 종에서 찾아볼 수 있다. 포유류에서는 단 한 번도 목격된 바가 없지만 칼슘 투입 혹은 칼슘 주사와 전기 펄스를 통해 유도하는 것은 가능하다. 2007년에는 인간의 난자에서 단성 생식을 유도하는 실험에 성공했다. 국제 줄기세포 법인ISCO의 엘레나 레바조바Elena Revazova 박사가 기

증자에게 이식할 수 있는 배아 줄기세포를 만들겠다는 목
표 아래 진행한 연구였다.

황우석 박사는 복제한 인간 배아에서 줄기세포를 추출
했다고 주장하면서 단성 생식으로 배아 줄기세포를 만들
었다. 엄밀히 말하면 배아를 복제한 게 아니라 난자의 단
성 생식을 유도한 것이다. 포유류의 단성 생식은 오직 암컷
만 가능한데, 일정 수준의 세포 분열을 유지할 영양소를 저
장하려면 난자 세포 정도 크기는 되어야 하기 때문이다. 정
자는 크기가 너무 작다. 따라서 피터 퀼의 존재는 남성이
아닌 여성일 때 더 현실성이 있다.

거대 개미

★ 등장: 〈앤트맨〉, 〈앤트맨과 와스프〉

★ 대상: 앤트맨(스캇 랭), 옐로 재킷(대런 크로스), 와스프
   (호프 반 다인)

★ 과학 개념: 성장 발달, DNA 메틸화, 거대 절지동물

소개

곤충의 역사를 살펴보면 그들의 크기가 급격하게 변했음을 알 수 있다. 비위가 약한 사람은 진저리를 칠 수도 있겠지만, 화석 기록에 따르면 약 3억 1,500만 년 전에 살던 잠자리의 조상은 비둘기 정도의 크기였으며, 노래기는 길이 2m, 두께 0.5m에 달했다. 곤충은 왜 진화 과정에서 크기를 극단적으로 바꾸었을까? 지금부터 왜 어떤 곤충은 크기가 커지고 어떤 곤충은 크기가 작아졌는지 알아보자.

〈앤트맨〉에서는 다양한 종류의 거대 개미가 행크 핌, 호프, 스콧을 방해하는 자들을 공격하는 묘사가 나온다. 첫 번째 시리즈인 〈앤트맨〉에서는 옐로 재킷과 앤트맨의 전투 중 총알개미 한 마리가 우연히 거대화되어 스콧의 딸인 캐시 랭의 반려곤충이 된다. 〈앤트맨과 와스프〉에서는 같은 개미가 등장해 빌 포스터 박사와 고스트에게 사로잡힌 행크 핌을 구하기 위해 미끼 역할을 한다. 거대 개미는 전투에서 아군을 지원하고 행크 핌의 프로젝트에 사용하는 중장비를 옮기는 등 꽤 유용한 존재로 활약한다.

마블의 과학

마블 시네마틱 유니버스에서 등장하는 개미는 크기가 작다는 이점을 이용해 감시 카메라를 무력화하는 잠입 요원으로 활동하거나, 비밀 서류를 숨기거나, 함정에 빠진 앤트맨을 구출하는 임무를 수행한다. 하지만 행크 핌은 이러한 장점을 이용하는 대신 일부 개미를 선별하여 거대화한 다음 개미 보병으로 활용했다. 〈앤트맨〉 그리고 〈앤트맨과 와스프〉에서 파란색 핌 입자를 이용하여 크기가 커진 개미를 볼 수 있다. 거대해진 개미는 대형견과 비슷한 수준으로 커지며 몸무게의 1,000배 이상을 들어 올리는 괴력을 자랑한다.

곤충에 적용되는 생리학을 생각해보자. 크기가 커지면 움직이는 데 필요한 에너지도 증가하기 때문에 이를 감당하기 위해서는 산소를 충분히 공급해야 하므로 결국 물질 대사량이 증가하게 된다. 따라서 덩치가 클수록 더 많은 에너지와 호흡, 산소가 필요하다. 사람은 그나마 형편이 나은 편이다. 척추동물에 속하는 포유류는 산소를 받아들여 필요한 에너지를 만드는 호흡 방식이 효율적으로 발달했기 때문이다. 그중 한 가지 예로, 사람은 숨을 빠르게 쉬거나 폐의 표면적을 넓히는 능동적인 방식을 통해 산소를 폐쇄 순환계로 보낼 수 있다. 그럼에도 불구하고 〈앤트맨〉속 스콧 랭은 '자이언트맨' 상태를 고작 몇 분밖에 유지하지 못하며, 이에 사용한 에너지를 보충하려면 3일은 잠에 빠져 있어야 한다.

개미는 산소를 효율적으로 흡수할 수 없을뿐더러, '기문'이라고 부르는 배의 작은 구멍으로 산소를 받아들이는 수동적인 호흡 방식을 사용한다. 기문으로 받은 공기가 세포막을 거쳐 확산되고 산소가 혈림프를 타고 퍼지면서 근육에 힘을 불어넣는 식으로 동력을 얻는 원리이다. 거대 개미는 원래 모습에서 몸집이 커졌을 뿐이지만 작을 때 유리하게 작용했던 호흡 방식은 거대화하면서 독이 된다. 다시 말해 거대 개미는 기문으로 더 많은 산소를 받기 위해 배를 헐떡거리며 호흡해야 한다는 뜻이다. 아마 행크는 그들이 그나마 숨쉬기 좋도록 환기가 잘 되는 연구실에 거대 개미의 보금자리를 만들어 주었을 것이다. 그렇지 않으면 무기 호흡을 해야 할 텐데 이는 수명 단축으로 이어질 수 있다.

호흡 문제가 해결되었다고 가정하자. 일부 거대 개미는 강한 포식자로 활용할 수 있기 때문에 선택받은 것으로 보인다. 〈앤트맨과 와스프〉에서 행크 핌의 사탕 통에 들어 있는 개미는 집게턱개미라는 종이다. 집게턱개미는 곰 덫 같은 턱을 사용하여 먹이를 물어 죽인다. 초속 35~64m 속도로 턱을 닫을 수 있는데, 이는 외부의 힘을 이용하는 경우를 제외하면 자연에서 가장 빠른 공격이다. 마블 시네마틱 유니버스에서 집게턱개미를 거대화한다면 어림잡아 밀방망이의 두 배 정도 되는 길이의 턱을 사용해 갈비뼈 정도는 우습게 부숴버릴 수 있을 것이다. 집게턱개미는 공격 목적 외에도 위험한 상황이 닥치면 턱의 반동을 이용해 몸을 뒤로 튕겨낼 수 있다. 실제로 야생에서 집게턱개미는 턱을 닫는 반동으로 개미귀신으로부터 탈출한다.

실생활에서의 과학

혹시 과거에는 〈앤트맨〉 속 거대 개미처럼 몸집이 큰 개미가 있었을까? 아쉽지만 그렇지 않다. 하지만 화석을 살펴보면 5천만 년 전에 살았던 개미 일부는 벌새만큼이나 컸다. 개미가 탄생하기 전인 석탄기 후기와 페름기 초기(약 300만 년 전)에 살았던 곤충은 심지어 더 거대했다. 이 시기는 대기 중의 산소 농도가 역대 최고치였다(당시 35%, 현재 20%). 광활한 습지림은 광합성을 하며 막대한 양의 이산화탄소를 흡수하고 더 많은 산소를 뿜어냈으며, 당시에는 산소를 이용해서 식물 유기물을 분해하고 이산화탄소를 방출하는 박테리아가 없었다. 이 두 가지 요인이 대기 중의 산소 농도를 끌어 올린 덕분에 곤충은 거대한 크기를 유지하면서도 충분한 산소를 흡수할 수 있었다. 하지만 그 이후부터 오늘날까지, 작은 곤충을 선호하는 선택압이 작용했고 개미는 크기를 줄이는 쪽으로 진화했다.

곤충학자들은 곤충의 크기가 작아진 이유로 대기 중 산소 농도 변화와 크기가 클수록 성충이 되기도 전에 잡아먹힐 위험이 크다는 것을 꼽는다. 개미처럼 변태하는 곤충은 애벌레에서 번데기를 거쳐 성충이 된다. 애벌레나 번데기의 크기가 거대하다면 영양가가 풍부하고 잡아먹기 쉬운 먹이가 되므로 종의 생존을 보장할 수 없다. 자연 선택에 따라 개미는 군체를 이룰 수 있고 몸집이 큰 동물에게 노출되더라도 포식자가 굳이 충돌을 감수할 필요가 없다고 판단할 만큼 작아졌다. 오늘날 가장 큰 개미는 총알개미로 4cm까지 자란다.

현실에서도 거대 개미를 만들 수 있을까? 개인적인 경험에 비추어 볼 때, 가능성이 있다고 생각한다. 캐나다 맥길대학교에서 졸업 후 교육 과정을 밟던 당시, 동물의 크기 변화를 결정하는 분자적 과정에 흥미를 느꼈다. 운 좋게도, 목수개미 군체를 기르던 곤충학자와 함께 연구를 진행할 수 있었다. 한 군체 내에서 가장 큰 개체와 가장 작은 개체를 찾아내는 작업은 쉽다. 우리가 관심이 있었던 부분은 개체의 크기를 결정하는 요인이 무엇인가 하는 것이었다.

당시 내가 진행했던 연구는 '메틸화'라고 부르는 화학 변화를 측정하는 것이었는데 개미의 성장 과정에서도 DNA 메틸화가 일어난다. 메틸화는 마치 유전자 기능의 스위치를 내려버리는 것처럼 보였다. 연구 결과, 메틸화 수치가 높은 번데기는 거대한 병정개미보다는 작은 일개미가 될 가능성이 높았다. 우리는 DNA 메틸화 수치를 높이거나 낮추는 약물을 이용해 개미의 크기를 두 배 크게 만들거나, 더 작게 만드는 실험에 성공했다(개미가 더 커졌으면 하는 사람이 있을까?). 우리는 결국 메틸화 수치 변화가 생장 조절에 큰 영향을 미치는 요소이며, 유전자의 체계화된 메틸화 수치가 집단의 개체에서 드러난다는 사실을 밝혀냈다. 다시 말해, 생장 조절 인자 일부에서 DNA 메틸화가 10% 증가하면 크기가 10% 커지는 결과를 가져올 수 있다는 뜻이다. 실제로 같은 군체에서 채집한 서로 다른 크기의 두 개미 사이에서도 연구 결과와 맞아떨어지는 메틸화 수치 차이를 발견할 수 있었다. 이는 크기와 같은 특성에 자연적인 변화를 일으키는 화학 스위치에 대한 새로운 이해를 제공한다는 점에서 굉장히 신선한 발견이라고 할 수 있다.

I'm Groot!

소개

식물은 지구 환경에 가장 유연하게 적응해온 존재이며 덕분에 오늘날 지구에서 가장 성공적인 생물의 자리를 차지했다. 또한 태양의 에너지를 동력원으로 삼아 자신뿐 아니라 모든 동물의 성장과 발달을 돕는 유일한 유기체이기도 하다.

줄거리

아마 마블 시네마틱 유니버스에서 가장 사랑스러운 캐릭터는 모두의 식물 친구, 그루트일 것이다. 걸어 다니는 인간형 나무인 플로라 콜로서스 종족이며, 식물 성장의 다양한 특성을 이용해 적에게 피해를 주거나 아군을 보호한다. 전투 시에는 두꺼운 덤불을 만들어 총알을 막아내고 팔에서 긴 덩굴을 뻗어 적을 공격하는 모습을 볼 수 있다. 전투에 참여하지 않을 때는 신체의 모양과 길이를 원하는 대로 바꾸거나 손상된 부분을 재생한다. 그리고 나무로 된 뻣뻣한 후두 때문에 무엇을 말하든 전부 "I'm Groot(나는 그루트다)"라고 들린다. 하지만 그루트를 잘 아는 친구들은 억양의 차이를 통해 의미를 어느 정도 짐작할 수 있다.

마블의 과학

그루트가 지구의 식물과 유사하다고 가정하면 사용하는 힘의 원리에 대해 다양하게 추측해볼 수 있다. 먼저 가장 놀라운 능력은 가공할 만한 속도의 세포 성장과 분열이다. 그루트가 특정 신체 조직을 성장시키거나 다양한 방식으로 활용할 수 있는 이유는 아마 빠르게 분열할 수 있는 분열 조직이 몸 곳곳에 퍼져 있기 때문일 것이다. 빽빽하게 늘어선 분열 조직 세포는 작은 엽록체와 얇은 세포벽을 가지고 있으며, 세포를 재생하고 기관을 형성한다. 그루트의 팔 단면을 보면 껍질 아래에 분열 조직이 고리 모양으로 분포해 있는데 이는 물(목질부)이나 당(체관부)을 운반하는 맥관 구조를 생성하는 역할을 한다. 분열 조직 바로 바깥층은 코르크 형성층으로 죽은 세포를 그루트의 나무껍질 같은 피부에 밀어 올려서 단단한 방패처럼 만든다. 손상된 조직을 보충하는 능력이 있다고 생각하면 〈가디언즈 오브 갤럭시〉에서 처음 만난 가모라에게 팔이 잘린 후 새로운 팔을 만들어낸 것과 그루트의 작은 가지에서 베이비 그루트가 태어난 것을 설명할 수 있다. 이처럼 특수한 상황에서는 로켓의 성심 어린 보살핌과 가지의 분열 세포를 통해 무성으로 번식할 수 있다.

그루트는 아주 빠른 세포 분열과 성장 능력을 발휘하는데 필요한 에너지를 어디서 얻는 걸까? 인간은 체내의 당과 지방을 대사할 산소를 흡수하고 움직이는데 필요한 에너지를 공급하기 위해 끊임없이 호흡한다. 반면 식물은 잎을 이용해 이산화탄소를 당으로 광합성해 에너지를 충당한다. 그루트는 머리에만 잎이 조금 있기 때문에 손발에서 잔가지를 뻗어내더라도 자라나는 조직을 감당하지 못할 것이다. 그루트의 물질대사를 정확하게 이해하려면 지구의 나무가 낙엽을 떨어뜨릴 때 무슨 일이 일어나는지 짚고 넘어가야 한다.

해마다 낙엽이 지는 이유는 나무가 봄과 여름에 광합성으로 만든 에너지를 당의 형태로 저장하는 것과 관련이 깊다. 마블 시네마틱 유니버스에서 그루트의 물질대사를 정확하게 표현하지는 않았지만 〈가디언즈 오브 갤럭시 Vol. 2〉의 쿠키 영상에서 단서를 찾을 수 있다. 사춘기의 그루트가 여기 저기 죽은 잎이 널려 있는 더러운 방에 앉아 있고 퀼이 청소 좀 하고 살라며 잔소리하는 바로 그 장면이다. 여기서 그루트가 움직이지 않거나 팀원과 상호 작용하지 않을 때에는 평소보다 더 많은 잎을 만들어 낸다는 사실을 알 수 있다. 어쩌면 우주선 내부의 이산화탄소와 태양 복사열로 충분한 당을 대사한 다음, 수지나 수액의 형태로 몸통에 저장하는 방식을 사용할 수도 있다.

요약하자면 그루트는 움직이는 삶에 적응하기 위해서 광합성을 한 뒤에 잎을 떨어뜨리고 휴면에 들어가는, 일반적인 나무의 물질대사와 정반대의 생활을 하고 있을지도 모른다.

실생활에서의 과학

걸어 다니는 나무는 그루트뿐이 아니다. '걸어 다니는

야자나무Socratea exorrhiza'로 불리는 나무가 뿌리를 죽마처럼 이용해 몸통을 받치고 중앙아메리카와 남아메리카의 숲을 가로질러 걸어 다닌다는 주장이 1980년대 이래로 계속 제기되고 있다. 일부 원주민은 이 나무가 일 년에 최대 20m까지 움직일 수 있다고 주장했다. 하지만 이는 단순히 현지 관광 안내원이 퍼트린 미신에 불과하다. 나무의 판근은 걸어 다니는 용도가 아니라 둘레를 키우는데 에너지를 투자하지 않고도 높은 곳에서 햇빛을 받을 수 있도록 추가적인 지지대 역할을 한다.

걸어 다니는 식물을 살펴봤으니 이제 빠르게 움직이는 식물을 알아보자. 미모사(건드리면 잎을 접기 때문에 '신경초'라고도 부른다) 혹은 파리지옥 정도를 예로 들 수 있겠다. 미모사가 이파리를 접는 이유는 초식 동물이 먹을 수 있는 표면적을 줄이고 시들어 늘어진 듯이 보여 잡아먹히지 않도록 진화했기 때문이라고 추측하고 있다. 파리지옥은 식물 성장에 필요한 질소가 드문 토양에서 자라기 때문에 곤충을 잡아먹어 부족한 영양분을 보충한다.

세계에서 가장 빨리 자라는 식물

성장을 일종의 움직임으로 볼 수 있다면 하루에 91㎝를 자라서 가장 빨리 성장하는 식물이라는 기네스 기록을 보유한 주인공, 대나무를 살펴볼 필요가 있다. 대나무의 평균 성장 속도는 시속 0.00003㎞이다. 중국 국제 대나무 라탄 센터의 지안 가오_{Jian Gao} 박사는 유전자 발현 실험을 통해 몇 가지 식물 호르몬의 역할을 밝히는 성과를 거두었다. 유전자 발현의 변화를 통해 하나는 빠르게, 하나는 느리게 성장하는 서로 가까운 두 종의 대나무에서 어떤 합성 경로가 더 활성화되어 있는지를 알아낼 수 있었다. 구체적으로 설명하자면, 옥신 분비를 높이고 아브시스산 분비를 낮출 때 싹이 빠르게 성장했다.

그루트가 에너지를 보존하는 수단은 혹한기에 살아남는 낙엽수와 비슷하다. 잎을 떨어뜨리는 나무는 극지방에서 처음 나타났으며 이 활동을 통해 추운 겨울에도 살아남을 수 있었다(많은 동물이 동면하도록 진화한 이유와 비슷하다). 낙엽수는 일광 시간과 기온의 변화에 반응해 잎을 떨어뜨리기 시작한다. 나무는 봄과 여름에 활발하게 성장하고 광합성을 통해 생성된 당을 몸통의 관다발 내 체관부에 저장한다. 가을에는 광합성을 주관하는 엽록소를 이듬해 봄에 다시 사용하기 위해 분해하기 시작한다. 엽록소가 파괴되면 노란색과 주황색의 카로티노이드처럼 평소에 보이지 않았던 색소가 확연하게 드러난다. 영하로 내려가지 않는 낮은 기온에서는 보라색이나 붉은색을 띠는 안토시아닌도 나타난다. 아브시스산이 분비되면 잎이 떨어지며 나무는 체온을 낮추고 동면에 접어든다. 바로 이 시기에 단풍나무에서 메이플 시럽을 얻을 수 있다!

로켓 라쿤

★ 등장: 〈가디언즈 오브 갤럭시〉, 〈가디언즈 오브 갤럭시
　　　 Vol. 2〉, 〈어벤져스: 인피니티 워〉
★ 대상: 로켓
★ 과학 개념: 동물 행동, 뇌 진화, 지능

소개

인간은 자신을 지구에서 가장 명석한 존재로 평가하고
는 한다. 물론 우리는 새로운 기술을 개발하면서 필요에
따라 주변 환경을 바꾸어 왔기 때문에 성공한 생명체라고
할 수도 있다. 우리의 조상은 도구를 만들고 언어를 사용
하며 다음 세대에 지식을 전달했다. 이러한 행위가 반복
되면서 우리는 인간을 지구상에서 가장 지적인 생명체로
여기게 되었다. 하지만 인간의 기발한 재주 아래에는 비
밀이 숨겨져 있다. 바로 지능, 창의력, 응용력을 높이는 해
부학적 변화이다. 뇌의 진화를 유도한 선택압은 무엇일

까? 우리는 어떤 과정을 통해 뛰어난 문제 해결력을 보유하게 된 것일까?

89P13(보통 로켓이라고 부른다)은 겉으로는 영락없는 라쿤처럼 보이지만 아주 영민한 존재이다. 뭐든 만들고 수리하는 것은 기본이며, 우주선 조종과 근접전에 능숙하고, 감시가 철저한 은하 감옥에서 23번이나 탈옥한 전적도 있다. 이 모든 능력의 원천은 로켓의 명석한 두뇌이다. 가디언즈 오브 갤럭시 멤버들이 킬른에 갇혀 있을 때, 로켓이 감옥의 인공 중력을 차단하고 감시탑을 탈취한 다음 보안 드론을 추진 엔진으로 삼아 선착장에 도착한다는 계획을 세우고 탈출하는 데에는 5분도 채 걸리지 않았다. 시간만 넉넉하다면 은하 역사상 가장 강력한 무기와 폭탄을 만드는 모습도 볼 수 있다. 대체 하프월드에서 무슨 일이 있었기에 로켓이 이렇게 똑똑해진 걸까?

마블의 과학

로켓은 베일에 싸인 행성인 하프월드에서 잔혹한 인공 두뇌 실험과 유전 실험을 거치면서 해부와 조립으로 만들어진 존재이다. 고통스러운 과정을 겪으면서 로켓은 말하는 능력과 첨단 기술을 다루는 지식을 얻었으며 두 발로 걷게 되었다. 로켓이 특별해진 원인을 알아보려면 설치류에서 사이보그가 되면서 일어난 신경 해부학적, 유전적 변화부터 짚고 넘어가야 한다. 추가로 하프월드에서 다양한 인지 과정을 개선하기 위해 이식했을 뇌 임플란트의 원리에 대해 다뤄 보겠다.

로켓의 뇌를 들여다보면 전두엽, 두정엽, 측두엽이 커져 있는 것을 확인할 수 있을 텐데 이는 모두 지능과 깊은 관계가 있는 부위이며 대부분 회백질로 이루어진 뇌의 가장 바깥층 대뇌 피질을 이루고 있다. 회백질은 신경 세포와 가지 돌기(뉴런의 가지), 뉴런 사이의 결합(통칭 시냅스)으로 구성된다. 반대로 대뇌 피질의 안쪽 층은 거의 백질로 조직되어 있으며, 서로 다른 부위를 이어주는 전도 통로 역할을 하는 축삭 돌기가 자리 잡고 있다. 뇌엽 내 대뇌 피질의 두께는 지각, 언어, 기억, 의식을 담당하는 몇 가지 인지 과정과 관련 있다. 로켓의 지성이 자라면서 이 부위 역시 두꺼워졌을 가능성이 크다.

대뇌 두께뿐 아니라 대뇌 피질의 주름 역시 고등 척추

동물의 감각과 지각 발달 수준을 가늠하는 척도이다. 인간 두뇌의 주름은 뇌의 표면적을 넓히고 회백질 내에서 새로운 결합을 만들 수 있도록 뉴런의 작업 공간 역할을 한다. 태내 발달 과정에서 두개골의 좁은 공간은 세포 분열과 세포 상호 작용을 통해 성장할 때 뇌에 주름이 생기도록 돕는다. 뇌가 커질수록 시상 하부 경로에서 새롭게 이동한 뉴런은 두개골의 압박을 받게 된다. 뉴런은 대뇌의 표면에 질서정연하게 자리 잡거나 서로 가까이 달라붙게 되는데, 이 과정에서 주름 생성을 유발할 수 있다. 유전학의 입장에서 보면 뇌세포를 달라붙게 하는 유전자FLRT1, FLRT3의 기능을 멈추거나, 시상 하부 경로를 따라 이동하는 뉴런 전구 세포 수를 증폭시키는 유전자ARHGAP11B를 작동시키는 식으로 주름 형성에 관여할 수 있다. 뇌세포 사이 점착성을 낮추고 세포 분열을 통해 뇌의 부피를 늘리면 더 많은 주름과 넓은 표면적, 그리고 로켓의 지적 성장을 도와줄 신경 연결 통로를 발달시킬 수 있다.

사이버네틱스의 관점에서 보면 평범한 라쿤 상태에서 뇌 임플란트를 삽입하고 원하는 행동을 할 때마다 보상 회로를 자극하는 방법으로 초기 발달 속도를 높일 수 있다. 뇌 임플란트는 뉴런 세포의 기본적인 특징, 즉 전류를 전도하고 만들어내는 능력을 이용한다. 뇌 임플란트로 신경을 조절하여 특정 감각이나 감정을 끌어내려면 전류를 감지하고 관리할 수 있어야 한다. 어려운 문제를 해결하면 중요한 보상 체계인 복측피개영역에 전기 펄스를 흘려보내고, 실수를 했다면 후부 뇌섬엽에 자극을 주는 식이다. 또한 뇌 임플란트를 원격 조정하는 기술을 사용한다면 기술을 배우고 발전된 인지 능력을 갖추는 속도를 한층 높일 수 있다.

실생활에서의 과학

라쿤의 지능은 어느 정도일까? 물론 라쿤이 우주선을 모는 모습을 보려면 꽤 오래 기다려야 할지도 모르지만 그들은 지금도 충분히 영민한 동물이다. 유전자 조작과 뇌 임플란트를 사용하는 기술은 이미 신경 과학 분야에서 널리 사용되고 있다. 하지만 그렇다고 해서 입담 좋은 쥐나 라쿤을 만들어 낼 수는 없다.

라쿤은 어떤 재능을 가졌을까? 우선 뉴런의 숫자부터 살펴보자. 라쿤의 뇌는 고양이와 비슷한 크기이며 뉴런 수는 4억 5천만 개로 영장류와 비슷한 뉴런 밀집도를 자랑한다. 감각을 짚어보면 라쿤은 지금까지 연구한 모든 생물

중에서 촉각이 가장 예민한 생물이다. 이는 뇌에서 유독 거대하게 발달한 체성 감각 피질과, 손의 촉각을 관장하는 감각 뉴런이 많기 때문이다. 라쿤의 발에는 예민한 수염이 돋아 있는데 보통 '강모'라고 부르며 상황에 따라 만지기도 전에 물체의 정체를 알아낼 수 있다. 마지막으로 라쿤의 발은 180°로 돌릴 수 있어 머리를 아래로 둔 채 나무에서 내려올 수 있다. 유연성과 예민한 촉각만 생각해봐도 로켓이 스타로드보다 좋은 조종사인 건 명백한 사실이다.

해결사이자 탈출의 귀재

라쿤은 문제 해결력과 새로운 환경에 대한 적응력 부분에서 최고 기록을 가지고 있다. 1900년대 초반에 진행한 연구에서 라쿤이 뛰어난 기억력을 가진 탈출의 귀재라는 사실이 증명되었다. 여러 가지 방법으로 눌러야 해제할 수 있는 다양한 걸쇠와 버튼으로 잠근 밀폐된 상자에서 라쿤이 탈출하는 데 걸리는 시간을 측정하는 실험을 진행했다. 대부분이 10번 이하의 시도만으로 탈출했고 1년이 지난 뒤에도 탈출 방법을 기억하고 있었다.

마지막으로 유전자 조작 기술을 짚어보자. 실험용 쥐의 학습 능력을 높이기 위해 특정 유전자를 이식하는 실험을 진행한 적이 있다. FOXP2 유전자는 인간의 발화 능력 형성에 관여한다. 사람의 FOXP2 유전자를 쥐에 이식하자 발성 빈도가 잦아지고 더 다양한 소리를 내었으며, 미로 해결 능력이 향상되었다.

비슷한 맥락에서 뇌 임플란트는 뇌 손상을 입은 동물이 문제를 해결하는 데 도움을 줄 수 있다. 히말라야 원숭이를 대상으로 진행한 연구에서 원숭이들은 지연 표본 대응 과제를 2년 동안 훈련했다. 처음에 화면으로 사진 하나를 보여주고 일정 시간이 지난 후 사진 7개를 띄워 처음에 보여주었던 사진과 일치하는 사진을 고르는 실험이었다. 원숭이에게 뇌 임플란트를 이식하여 뉴런의 발화를 탐지하고 관찰할 수 있었는데 이를 통해 연구자들은 문제를 올바르게 풀었을 때 발생하는 뇌 활동의 '그림자'를 기록했다. 원숭이의 의사 결정 능력을 떨어뜨리자 과제 수행에 어려움을 겪었다. 하지만 뇌 임플란트를 활성화했을 때 나타났던 뇌 반응을 다시 유발하자 과제를 성공적으로 마치는 모습을 볼 수 있었다.

3장

예민한
신경 과학

인간 거짓말 탐지기

★ 등장: 〈데어데블〉, 〈디펜더스〉
★ 대상: 데어데블(맷 머독), 스틱
★ 과학 개념: 감각 신경 과학, 심리학, 정보 처리 과정

소개

우리는 책을 읽을 때 손으로 종이의 질감을 느낀다. 귀는 종이가 접히고, 넘어가고, 구부러지는 소리를 듣는다. 눈은 페이지 번호, 제목, 문단의 크기를 살펴본다. 예민한 사람이라면 잉크 냄새를 맡을 수도 있다. (먹지 않기를 바란다.) 사람은 다양한 감각을 통해 주변 환경을 인식하고, 뇌는 감각 기관이 전달한 정보를 처리해 다음 행동을 결정한다. 그렇다면 우리가 가진 감각으로 다른 사람의 의도를 파악하는 것도 가능할까? 만약 감각 하나를 희생하여 이런 능력을 얻을 수 있고, 그게 시각이라면 포기할 수 있겠는가?

〈데어데블〉에 등장하는 맷 머독은 어린 시절 한 노인을 살리려다 눈에 화학 약품이 쏟아져 시각을 잃었다. 머독은 사고로 시각을 잃은 대신, 뛰어난 청각을 비롯하여 인간의 한계를 넘은 초감각을 얻었다. 훗날 그는 이러한 능력을 통해 고객, 검사, 증인의 의도를 파악하며 유능한 변호사로 이름을 알린다. 머독은 헬스키친의 악마로 능력을 통해 사이렌 소리와 폭력배가 나누는 대화를 주시하며 도시를 감시한다. 초감각 덕분에 어둠 속에서도 싸울 수 있으며 급습당하지 않는다는 장점이 있다.

마블의 과학

사고 이전에 머독이 보던 세상은 색과 움직임으로 가득했다. 눈 뒤편에 있는 감광성의 간상체와 추상체는 빛의 형태로 들어온 정보를 전기 자극의 형태로 바꾸어 시신경의 축삭 돌기 다발에 발화를 일으킨다. 정보는 시신경 교차와 외측 슬상핵을 거쳐 뇌의 중심부로 향한다. 좌측 시야 정보는 뇌의 오른쪽, 우측 시야 정보는 뇌의 왼쪽 경로를 타고 후두엽으로 전달된다. 전기 자극이 후두엽에 도착하면 뇌 피질을 타고 흐르면서 한 번 더 처리된다. 하지만 머독의 눈에 유독성 화학 물질이 들어가면서 모든 처리 과정이 망가졌다. 시간이 지나며 후두엽의 시각 피질은 수축하기 시작했지만 다른 영역 사이의 연결은 끊어지지 않았다. 대신 체성 감각, 언어, 청각 피질이 두꺼워지고 후두엽과 새로운 연결을 구성하는데, 이는 비시각 장애인에게서는 찾아볼 수 없는 현상이다.

얼마 지나지 않아 머독에게는 시끄러운 방 안에서 옷핀이 떨어지는 소리를 듣고 그것을 정확히 찾아내기까지 하는 능력이 생긴다. 시간이 더 지나자 콘크리트 너머와 몸 안에서 나는 소리까지 들을 수 있을 정도로 발달했다. 머독이 감각을 받아들이는 과정은 비장애인과 동일하다. 단지 반복 숙달 훈련을 통해 민감도를 크게 끌어올린 것 뿐이다.

우리가 소리를 듣는 과정은 다음과 같다. 먼저 파동의 형태로 진행하는 공기가 외이를 지나 외이도로 들어가 고막에 부딪힌다. 고막은 달팽이관과 연결된 귓속뼈로 정보를 전달한다. 귓속뼈 안의 머리카락처럼 생긴 세포가 정보를 받아들인 후 전기 자극의 형태로 바꿔 청신경으로 전달하고, 청신경은 그것을 다시 측두엽으로 보낸다. 데어데블은 소리가 발생한 장소와 양쪽 귀 사이의 거리 차이에서 발생하는 음파의 강도, 주기, 주파수 차이를 계산해 음원의 위치를 파악할 수 있다.

주기, 강도, 주파수

음파가 양쪽 귀에 도달하는 시간이 서로 다르기 때문에 뇌가 수평면으로 청각 범위를 처리하는 과정에서 시간차가 발생한다. 마찬가지로, 음파의 강도(진폭) 역시 양쪽 귀에서 느껴지는 정도가 다르다(음원에서 가까운 쪽의 강도가 더 크다). 소리가 위에서 들리는 경우라면 외이가 음파의 주파수를 바꾸어 청각 피질이 수직면 내에서 처리할 수 있도록 한다.

머독이 어렸을 때는 막 예민해진 청각 때문에 주변의 모든 소리가 크게 들렸다. 소리의 주파수를 감지하는 것은 귀가 하는 일이지만 중요한 소리에 집중하기 위해 주변 소음을 없애는 것은 뇌가 수행하는 인지 과정이다. 머독은 스틱과 훈련하면서 청각 정보를 처리하는 뉴런 사이의 결합을 강화하여 청각 피질의 감각 회로를 바꿔놓았다. 이 과정을 분자 수준에서 바라보면 회로를 이루는 뉴런이 관련 신경 전달 물질을 받아들이는 수용기의 밀도를 높여 감도를 끌어올리고 아주 희미한 전기 자극이라도 처리할 수 있도록 만드는 모습을 관찰할 수 있을 것이다.

실생활에서의 과학

시각 장애인이 방 건너편에 있는 사람의 심장 박동 소리를 듣는 것은 사실 불가능하다. 하지만 시각 장애인과 그렇지 않은 사람이 청각과 촉각 정보를 다르게 처리하는 것은 사실이다. 이에 관한 인지 기능 상승을 다룬 가장 오래된 기록물은 18세기 프랑스 철학자 드니 디드로Denis Diderot의 책이다.《시각 장애인에 관한 서한Letter on the Blind for the Use of Those Who Can See》은 시각 장애인인 영국 케임브리지대학교 교수와 와인 메이커가 남은 감각을 사용해 세상을 풍부하게 지각하는 방식을 담고 있다. 당시 시각 장애인은 가족, 교회, 사회의 짐이라는 인식이 팽배해 있었기 때문에 디드로의 편지는 시각 장애인의 인지 능력에 눈을 뜨는 계기가 되었다. 재미있게도, 당시 유행했던 철학인 데카르트의 심신 이원론에 정면으로 도전하면서 경험론을 예찬하고 자신을 뚝심 있는 세속주의자로 예찬하는 내용이었기 때문에 디드로는 책에 자신의 이름을 밝힐 수 없었다.

당시에 이런 일을 벌이면 트위터에서 팔로워를 몇 명 잃는 것으로 끝나지 않았기 때문이다.

우리는 시각 장애인의 뇌에서 신경 해부학적 차이를 찾아내기 위해 다양한 도구를 만들어 냈다. 캘리포니아대학교 로스앤젤레스UCLA의 신경학과에서 고해상도 뇌 영상을 통해 시각 장애인과 일반인 집단 사이의 구조적 차이를 찾으려 했던 연구를 살펴보자.

나타샤 레포레Natasha Leporé는 5살 전에 시력을 잃은 집단과 14살 이후 시력을 잃은 집단의 뇌 MRI 영상을 촬영한 결과 그들의 시각 관련 부위(후두엽)의 크기는 줄었지만 다른 부위는 대부분 커진 것을 확인했다. 5살 전에 시력을 잃은 실험군은 반구 사이에서 시각 정보를 전달하는 뇌량이 일반인 대조군보다 훨씬 작았다. 이는 어린아이의 경우 미엘린초가 계속 발달하기 때문으로 보인다. 미엘린초는 신경로에 보호층을 형성하여 신경 전달 속도를 비약적으로 높인다. 대조군과 14살 이후에 시력을 잃은 집단은 미엘린초가 완전히 발달해 있었으며 뇌량이 더 컸다.

그렇다면 청각은? 왁자지껄한 술집에서 원하는 대화를

엿들을 수 있을까? 신경 과학자와 심리학자에 따르면, 우리의 뇌는 시끄러운 방에서도 한 가지 소리에 귀를 기울일 수 있다. 다시 말해 원하는 정보를 얻어내기 위해 동시에 여러 개의 청각 정보를 처리할 수 있다는 뜻이다. 미국 보스턴대학교의 모니카 홀리Monica Hawley 박사가 진행한 연구에 따르면 시끄러운 장소에서 다른 사람이 나누는 대화를 최대한 잘 들으려면 양이 효과가 일어나야 하며 이때 귀가 두 쪽 다 들려야 한다. 한쪽 귀로만 소리를 듣는 사람은 여러 대화를 동시에 따라가기 어려우며 음원을 효과적으로 찾는 능력이 떨어진다. 이 연구를 통해 양쪽에서 받은 정보를 처리하는 기능과 자극원을 찾는 능력이 함께 어우러져야 소리를 정확하게 인지할 수 있다는 사실을 짐작할 수 있다.

킬몽거와 블랙 팬서, 본성이냐 양육이냐

★ 등장: 〈블랙 팬서〉
★ 대상: 블랙 팬서(트찰라), 킬몽거(에릭 스티븐슨, 은자다카)
★ 과학 개념: 후성 유전학, 유전자 환경 간 상호 작용

소개

유전자가 건강을 결정한다는 생각은 운명론적이다. 유전체 안에 암호화된 화학 정보의 배열 순서에 모든 것이 달려 있다는 의미이기 때문이다. 하지만 유전자는 단지 퍼즐 한 조각에 불과하다. 사람은 자신의 건강에 영향을 주는 많은 요인을 의지대로 제어할 수 있다. 부모에게 물려받은 유전자가 모든 것을 결정하지는 않는다. 삶에서 쌓는 경험과, 그 경험이 어떤 식으로 육체와 정신 건강에 영향을 미치는지 결정하는 것에서 환경적 요인을 빼놓을 수는 없으며, 이는 상황에 따라 유전자에 직접 영향을 미치기도

한다. 앞으로 킬몽거와 블랙 팬서의 이야기를 살펴보며 경험을 통해 유전체genome를 형성하는 분자적 메커니즘을 알아보겠다.

줄거리

〈블랙 팬서〉에 등장하는 트찰라와 에릭은 와칸다의 왕족으로 태어났다는 배경은 같으나 완전히 다른 삶을 살았다. 트찰라는 부와 기술, 교육, 자원으로 무장한 비밀 왕국 와칸다의 왕족으로서 사랑을 듬뿍 받으며 자랐다. 반면 고향을 떠나 미국 오클랜드에서 살던 에릭은 어느 날 농구를 하고 돌아온 집에 아버지 은조부가 죽어 있는 모습을 발견한다. 에릭과 트찰라는 모두 왕족이지만 각자 아버지의 영향으로 완전히 다른 세계에서 성장했다. 10년 뒤, 에릭과 트찰라는 총명하고 강한 남자로 성장했다. 하지만 트찰라가 왕이 되어 왕국을 수호하는 반면, 에릭은 미국에서 자라며 겪은 불의를 응징하겠다는 신념을 가지고 '킬몽거'라는 이름의 무자비한 용병으로 활동한다.

마블의 과학

킬몽거의 가장 큰 동기는 블랙 팬서에 대한 복수심이다.

성장기에 겪었던 트라우마가 빌런이 되는 것을 감수할 정도로 강한 복수심을 끌어낸 것이다. 어벤져스가 트라우마를 극복한 과정과는 다르게 킬몽거는 '나를 죽이지 못하는 것은 나를 강하게 만든다'는 태도로 역경을 돌파했다. 트찰라는 지구에서 가장 기술이 발달한 나라에서 왕족에 걸맞는 최고의 교육을 받으며 폭력, 궁핍, 사회적 권리 박탈과는 거리가 먼 유년기를 보냈다. 트찰라와 에릭의 인생이 바뀌었다면 어땠을까? 그래도 트찰라는 블랙 팬서가, 에릭은 킬몽거가 되었을까? 이제 킬몽거에게 초점을 맞추어 환경이 유년기 발달에 미치는 영향을 확인하고, 트라우마를 유발하는 기억과 회복 탄력성을 분자적 관점으로 살펴보도록 하겠다.

아버지를 잃은 에릭은 사회적 약자가 되어 캘리포니아 오클랜드에서 살아남아야 했다. 오늘날과는 달리 1980년대 오클랜드에는 살인, 부정부패, 약물 남용 등의 강력 범죄가 만연해 있었다. 에릭은 엄청난 스트레스 속에서 자랐다. 당장 내일 죽어도 이상하지 않을 정도의 환경이 주는 스트레스는 성년까지 이어질 수 있기 때문에 어떻게든 살아남는다고 해서 끝나는 문제가 아니다. 하지만 강한 스트레스를 받은 것을 감안해도 킬몽거의 행적은 굉장히 극단적인 편에 속한다. 킬몽거가 빌런이 된 이유는 무엇일까? 킬몽거의 뇌에 일어났던 변화를 추적할 수 있을까?

충격적인 경험을 하고 나면 외상 후 스트레스 장애 증상과 유사하게 스트레스 호르몬에 대한 민감성이 변화한다. 사회적 역경에 부딪히거나 스트레스를 받을 때 다양한 유전자와 유전자 산물에 변동이 생기기 때문이다. 뇌는 스트레스에 대응하기 위해 시상 하부, 뇌하수체, 부신으로 이루어진 스트레스축이라는 체계를 사용한다. 그중 뇌 바닥쪽에 있는 콩만 한 뇌하수체는 충격적인 경험을 겪을 때 분비하는 호르몬을 합성하는 역할을 한다.

사람이 끔찍한 일을 겪으면 뇌하수체 시상 하부의 신경핵에서 코르티코트로핀 방출 호르몬CRH을 내보내서 부신 피질 자극 호르몬ACTH 분비를 유도하고 교감 신경 긴장도(투쟁 도피 반응)를 높인다. 코르티코트로핀 방출 호르몬은 눈앞에서 충격적인 일이 벌어지는 동안 뇌와 몸 사이를 이어주는 화학 전령 연쇄 작용의 핵심이다. 우리는 코르티코트로핀 방출 호르몬은 물론이고 다양한 유전자에 '켜짐'과 '꺼짐' 스위치가 있다는 사실을 알고 있다(3장 헐크의 변신 참조). 앞에서 DNA를 메틸화하면 특정 유전자 생산을 효과적으로 막을 수 있다고 언급하기도 했다.

에릭의 동기를 생각해 볼 때 결코 그가 환경적 요인에 굴복했다고 할 수는 없다. 일반적인 경우와는 다르게 스트레스로 인한 무력감이나 방황 따위가 아니기 때문이다. 아버지의 죽음으로 분명히 슬퍼하고 분노했을 텐데도 만성적인 스트레스에 노출된 사람을 무력하게 만드는 신경로는 에릭에게 어떠한 영향도 주지 못했다. 어쩌면 에릭이 살해당한 은조부의 시체를 본 순간 시상 하부의 코르티코트로핀 방출 호르몬에 DNA 메틸화가 발생하여 위에서 언급한 신경 화학적 연쇄 작용이 일어나지 못하게 막았고, 그 덕분에 취약한 어린 시절을 스트레스 후유증 없이 보냈을지도 모른다. 그렇다면 에릭이 1980년대 오클랜드에서 역경을 딛고 분명한 목적의식과 확신을 가진 채 살아남은 것을 어느 정도 설명할 수 있다.

실생활에서의 과학

초기 성장 환경과 DNA 메틸화 사이의 상관관계에 대한 굵직한 실험을 꼽아보자면, 캐나다 맥길대학교에서 설치류를 대상으로 진행한 연구를 들 수 있겠다. 마이클 미니 Michael Meaney 박사와 모셰 스지프Moshe Szyf 박사를 중심으로 진행한 이 연구는 DNA 메틸화 여부가 어미의 모성에 영향을 미치는지 알아보고자 했다. 킬몽거의 일생과 완전히 똑같지는 않아도 사회적 스트레스를 분자적 관점으로 보는 시각을 제공한다는 의미가 있으므로 참고할 만하다.

연구에서 한 무리의 새끼 쥐는 어미가 보살피게 두고 다른 무리의 새끼 쥐는 어미 없이 방치했다. 일주일이 지나자 두 집단 사이에는 현저한 차이가 나타났다. 어미가 보살핀 새끼들이 스트레스에 훨씬 강한 모습을 보여준 것이다.

실험 결과가 DNA 메틸화와 상관이 있는지 평가하기 위해 연구자들은 스트레스 축의 핵심 조절 인자를 찾은 다음, 글루코코르티코이드 수용체GR의 DNA 메틸화 수치를 측정했다. 이 수용체는 뉴런 사이에서 글루코코르티코이드 분비를 전기 자극의 형태로 바꾸어 전달하는 식으로 스트레스 자극에 영향을 미친다. 수용체가 너무 민감하면 소량의 스트레스 호르몬에도 격한 행동 변화가 나타나고 너무 둔감하면 스트레스 반응이 거의 일어나지 않는다. 보살핌을 받지 못한 동물은 DNA 메틸화 수치가 높고 글루코코르티코이드 수용체 발현 정도가 낮았으며, 보살핌을 받은 동물은 반대의 결과가 나왔다. 교차 양육한 새끼 집단 역시 결과는 마찬가지였는데 이를 통해 어미의 양육이 유일한 변수이며, 유전적 영향은 없다는 사실을 알 수 있다.

지금까지 이야기한 과학 개념은 충격적인 사건, 폭력, 가난과 같은 사회적 스트레스 요인에 의해 발생하는 복합적인 여러 사건에서 얻은 자료를 간단하게 정리한 것이다. 사람마다 나이, 경험, 대처 기제가 다르기 때문에 자극에 반응하여 발생하는 정신과 육체의 변화를 일반화할 수는 없다. 하지만 후성 유전학은 보통 이러한 과정이 어떻게 작용하는지 통찰한다.

엘리엇 에반스Elliott Evans 박사는 와이즈만 연구소에서 진행한 연구를 통해 쥐의 사회적 회복 탄력성을 수반하는 분자적 변화를 발견했다. 실험에서 연구자는 실험쥐 한 마리를 열흘 동안 끊임없이 사회적 위협을 받는 환경, 즉 공격적인 쥐들이 있는 공간에 넣어 두었다. 그러자 괴롭힘을 받은 실험쥐는 사회적 회피 증상을 보였다. 이번에는 구멍 뚫린 칸막이가 있는 우리로 실험쥐를 옮기고 칸막이 너머에 다른 쥐를 넣었다. 거의 모든 동물이 괴롭힘을 당한 다음에는 상호 작용이 일어나는 공간을 피했지만, 실험쥐는 일종의 회복력이 있는 듯한 모습을 보여주었다. 자신을 괴롭히던 상대를 피하려던 동물은 코르티코트로핀 방출 호르몬 유전자의 메틸화 수치가 낮았지만 그렇지 않은 동물은 메틸화 수치가 높았다. DNA 메틸화가 코르티코트로핀 방출 호르몬 유전자 발현에 미치는 영향을 통해 사회적 스트레스가 회피 행동으로 이어지는 이유를 설명할 수 있었다. 물론 대상이 생쥐이기는 하지만 회복력의 어떤 힘이 다른 뇌 조직을 자극하여 다른 행동을 만들어낸다는 사실을 알 수 있다.

이렇듯 DNA 메틸화가 정신 질환의 원인을 규명하는 중요한 메커니즘이라는 사실이 밝혀졌으나, 모든 부분을 설명할 수는 없다. 심리적 스트레스는 복잡하고 다원적인 문제이다. 원인을 밝히기 위해서는 유전자와 뉴런부터 시작해서 아직 완전히 이해하지 못한 부분까지 더 많은 퍼즐 조각이 필요하다.

피터 찌리릿! 스파이디 센스

★ 등장: 〈캡틴 아메리카: 시빌 워〉, 〈스파이더맨: 홈커밍〉,
　　〈어벤져스: 인피니티 워〉
★ 대상: 스파이더맨(피터 파커)
★ 과학 개념: 감각 신경 과학, 거미의 인지 능력

소개

　손의 뉴런이 뇌의 체성 감각 피질에 폭넓게 연결되어 있는 인간에게 촉각은 몹시 중요하다. 우리는 고통, 진동, 움직임, 열기 등 다양한 촉각 자극을 느낄 수 있다. 촉각은 어떤 경로로 전달될까? 감각을 예민하게 개발하면 주변 환경에서 일어나는 미세한 변화를 감지할 수 있을까? 다른 동물들은 감각 신호를 어떻게 전달할까? 실제로 스파이더맨의 스파이디 센스처럼 감각이 주변의 위험을 감지하여 우리에게 알려줄 수 있을까?

스파이더맨은 괴력, 벽 타기 능력, 독특한 예지력인 '스파이디 센스' 같은 다양한 초능력을 사용한다. 스파이디 센스는 주변에서 위험한 상황이 발생하기 전에 본능적으로 이를 감지하는 능력이다. 〈캡틴 아메리카: 시빌 워〉에서 스파이더맨은 이 능력으로 캡틴 아메리카의 방패에 있는 앤트맨을 찾아내고, 팔콘의 레드윙의 공격을 피했으며, 버키의 주먹을 손으로 잡아서 막았다. 〈스파이더맨: 홈커밍〉에서는 강도가 날리는 주먹세례를 전부 피하는 모습을 보여주기도 했다. 〈어벤져스: 인피니티 워〉에서는 아주 멀리에 착륙한 타노스의 부하 블랙 오더와 그들의 우주선을 감으로 알아차리는 장면이 등장하기도 한다.

마블의 과학

스파이더맨이 주변 환경을 인지하는 방식을 이해하려면 피터가 비록 인간이지만 주변 환경에서 받는 자극을 거미 수준으로 예민하게 받아들인다는 사실을 짚고 넘어가야 한다. 바람이 부는 날에 피터는 다른 사람들보다 몇 초 더 빠르게 바람을 감지한다. 피터의 감각이 예민한 이유는 피부의 말초 신경계가 두드러지게 발달했기 때문이다. 사람은 손, 입술, 혀처럼 촉각에 의존하는 부위에 말초 신경계가 크게 발달해 있다. 말초 신경계는 받은 자극을 척수를 통해 뇌의 체성 감각 피질로 전달한다(3장 인간 거짓말 탐지기 참조). 이러한 감각을 느낄 수 있는 이유는 자극을 받아들이는 곳에 다양한 종류의 뉴런이 있기 때문이다.

윈터 솔져가 스파이더맨에게 주먹을 날리는 장면을 떠올려보자. 윈터 솔져가 주먹을 쥔 팔을 앞으로 채 뻗기도 전에 스파이더맨은 이미 손을 올려 잡을 준비를 끝냈다. 아직 일어나지도 않은 행동을 예측하는 것이 가능할까? 이론상으로는 그렇다. 하지만 일반인이라면 할 수 없다. 우리 몸의 세포에는 전기 센서 역할을 하는 단백질이 분포하고 있다. 예를 들어 Kir4.2와 같은 칼륨 통로는 흥분을 전도하는 역할을 하는데, 조직과 세포에 존재하는 양전하를 띤 폴리아민에 반응한다. 약한 전기력(피터의 몸 밖에서 발생해도 상관없다)도 폴리아민을 분극화하고 통로가 이온을 투과하게 만들어 전기 자극을 유도할 수 있다. 버키의 강철 팔이 까다로운 상대이기는 하지만 피터는 다른 근육군이 강하게 수축하거나 이완하는 작용까지 감지할 수 있다. 어느 경우에나 가하는 힘에 비례해서 전기적 활성이 내려갈 가능성이 크다. 따라서 빠르고 강하게 움직이는 동작이라면 스파이디 센스를 피해갈 수 없다.

스파이디 센스는 전기 감각만 감지하는 것이 아니다. 〈어벤져스: 인피니티 워〉에서는 팔뚝의 잔털이 주변의 위협을 감지하는 모습을 볼 수 있다. 어쩌면 아주 민감한 기계적 자극 수용을 경험하고 있는 건지도 모른다. 여기서 모낭은 신경 말단과 이어진 안테나처럼 주변 진동에 반응한다. 피터의 털이 주변 환경의 미세한 변화를 탐지할 수 있다면 아귀가 맞다. 보통 체모의 감각은 둔한 편이지만 피터의 털은 조그만 움직임이라도 감지하면 모낭 아래의 신경 말단을 통해 전기 자극을 뇌로 보내 뭔가 다가오고 있다는 신호를 전달한다. 이 감각은 피부의 폴리아민 반응성 칼륨 통로에서 발생하는 전기적 자극을 감지하는 체계와 관계가 깊다. 다시 말해, 반사 작용을 조절하는데 도움을 줘 언제 있을지 모르는 위협에 계속 신경을 곤두세우지 않아도 된다는 뜻이다. 예를 들어 국부적인 전기 자극은 감지하지만 근처에서 켜지는 컴퓨터는 무시하는 식이다. 마찬가지로 전기 작용이 일어나지 않는 바람 역시 위험으로 간주하지 않는다. 하지만 두 가지가 뒤에서 한꺼번에 일어난다면 뇌에서 투쟁 도피 반응이 일어날 것이다.

실제로 우리 역시 같은 방식으로 자극에 반응하지만 피터는 치명적인 거미에게 물린 극단적인 경우이기 때문에 거미가 주변 환경을 인식하는 방법과 유사한 부분이 있다. 거미에게는 '감각모'라고 부르는 감각 기관이 있는데 이는 인간의 체모와 모양과 기능이 유사하다. 한 가지 다른 점은 털마다 자극을 받는 신경 말단이 구분되어 있다는 것이다. 피터의 스파이디 센스와 기능이 비슷하기는 하지만 슈트를 입으면 아무 소용이 없게 된다.

브라질 바히아공과대학교의 힐턴 자피아수Hilton Japyassu 박사는 거미가 감각 능력을 확장하는 수단으로써 사용하는 그물의 효율성을 알아보려 했다. 전형적인 나선형 그물(5장 스파이더맨의 웹 슈터 참조)을 치는 호랑거미와 막그물을 쳐놓았다가 먹이가 잡히면 묶어서 잡아먹는 꼬마거미가 연구 대상이었다.

행동 변화를 유도하기 위해, 자피아수 박사는 먼저 브라질에 서식하는 20종의 호랑거미를 대상으로 쳐놓은 거미줄을 잘라서 형태를 망가뜨린 다음, 꼬마거미처럼 거미줄로 먹이를 묶어서 잡아먹는지 확인하는 실험을 진행했다. 모든 개체가 사냥 방식을 바꾸지는 않았지만 일부 개체는 박사가 의도한 대로 행동했다. 이 실험은 거미가 정보를 받아들이는 과정에 대한 의문을 제기한다. 중추 신경계일까 아니면 거미줄과 중추 신경계 모두를 사용하는 걸까? 겉보기에는 먹이를 감지하는 감각에 거미줄이 차지하는 부분이 어느 정도 있는 것 같다.

흥미롭게도 사람에게도 어느 정도의 스파이디 센스가 있다. 하지만 아마 예상과는 좀 다를 것이다. 바너드대학교의 조슈아 뉴Joshua New 박사는 여러 참가자를 대상으로 세 차례에 걸쳐 세 개의 줄을 보고 가장 긴 것을 고르는 실험을 진행했다. 첫 번째 차례가 끝난 다음, 두 번째로 넘어가는 순간 화면에 200ms 동안 주삿바늘, 집파리, 나선형 거미줄 사진을 띄웠다. 그러자 참가자의 15%가 주삿바늘을, 10%가 집파리를, 그리고 50%가 넘는 참가자가 거미줄을 인식했다. 이 실험 결과는 사람이 주삿바늘보다 거미를 더 경계한다는 사실을 보여준다. 어쩌면 거미에게 물려 목숨을 잃을 수도 있던 조상의 흔적일지도 모른다.

헐크의 변신

★ 등장: 〈인크레더블 헐크〉, 〈어벤져스〉, 〈어벤져스: 에이지 오브 울트론〉, 〈토르: 라그나로크〉, 〈어벤져스: 인피니티 워〉

★ 대상: 헐크(브루스 배너)

★ 과학 개념: 뇌 기능, 신경 과학, 분자 생물학

소개

인간은 아주 다양한 사건을 통해 행복, 슬픔, 분노와 같은 원시적인 감정을 느낀다. 우리는 성장하면서 때와 장소를 가려서 감정을 드러내야 하며 문화 내 사회적 구조에 반하는 경우에는 억제해야 한다고 교육받았다(도시락을 훔쳐 먹었다는 이유로 직장 동료를 잡아먹으면 안 되는 것처럼). 이러한 감정은 뇌의 여러 영역, 이 영역 내의 뉴런, 뉴런 내에서 발현하는 유전자를 통해 드러난다. 이제 감정의 변화가 일어나는 원리와 점잖은 브루스 배너가 강력한 헐크로 변할 때 뇌에서 무슨 일이 벌어지는지 살펴보자.

줄거리

헐크가 가장 강력한(그리고 언제나 화나있는) 어벤져스라는 사실에는 논란의 여지가 없다. 슈퍼 솔저 실험(4장 슈퍼 솔저 혈청 참조) 도중 감마선에 노출된 브루스 배너는 감정을 주체하지 못할 때마다 헐크로 변하는 능력을 가지게 되었다. 헐크 상태일 때는 늘 화가 나 있으며 무언가를 때려 부숴서 자신이 이 행성에서 가장 강력하다는 사실을 증명한다. 이러한 특징 때문에 간혹 적군보다 아군인 어벤져스에게 더 큰 피해를 주는 상황이 발생하기도 한다(〈어벤져스〉와 〈어벤져스: 에이지 오브 울트론〉 참조). 헐크를 진정시키기 위해 토르나 블랙 위도우가 인지 행동 치료를 시도하는 장면도 있었다(소용이 없으면 아이언맨이 건물을 무너뜨려 깔아뭉갠다).

마블의 과학

마블 시네마틱 유니버스에서 배너는 항상 헐크의 자아와 싸움을 벌인다. 변신의 촉매는 브루스의 감정이므로 그의 머리 안을 들여다보면 실마리를 찾을 수 있을 것이다. 게다가 웬만하면 갈등을 피하려고 노력하는 연약한 과학자가 아스가르드인마저 때려눕히는 야수로 변하는 점을 보아 굉장히 극적인 효과일 가능성이 높다.

뇌 해부학의 시각에서 보면 뇌 형태의 변화는 행동 기능과 직접적인 관계가 있다. 따라서 사고를 줄이고 공격성은 높이기 위해 뇌의 여러 부위에 크기 변화가 나타났을 것으로 추측할 수 있다. 그렇다면 의사 결정, 고등 인지 과정, 집행 기능과 연관 있는 부분이 축소되었을 것이다. 이러한 처리 과정 대부분을 관장하는 부위는 전전두엽으로 충동 조절력, 추리력, 문제 해결력의 원천이다.

또한, 간혹 언어를 적절하게 쓰지 못하거나 자신의 감정을 설명하지 못하는 것은 대뇌 피질 네트워크가 제 기능을 못하기 때문인 것으로 보인다. 편도체나 변연계처럼 공포, 불안, 분노 등의 원초적인 감정을 담당하는 부위의 부피 역시 줄었을 것이다. 이러한 뇌 영역을 자세히 살펴보면 공격적인 행동을 유도하고 인지 과정을 제한하는 신경 회로의 재배선을 관찰할 수 있다. 이러한 뉴런은 '시냅스'라고 부르는 결합을 통해 화학적·전기적 정보를 전달하면서 기능한다. 뉴런이 동시에 발화하면 시냅스가 하나로 이어지면서 회로를 형성하고, 다양한 감각 정보를 처리하여 구체적인 행동을 지시한다. 예를 들어 공격성은 편도체의 민감도와 관련이 있다. 아세틸콜린이나 글루타민산염과 같은 신경 전달 물질 분비가 늘어나면 민감도가 증가한다.

흥분성 시냅스가 편도체에서 발화하면 전전두엽 피질 내 신경 세포 집단과 편도체를 잇는 시냅스 강도가 약해진다. 반대로 브루스 배너가 헐크를 제압할 때는 전전두엽과 편도체, 그리고 변연계를 연결하는 뉴런의 시냅스 강도가 약해지면서 인간의 형태로 돌아간다.

마지막으로, 뉴런의 변화를 분자 수준에서 바라볼 필요가 있다. 브루스 배너와 헐크를 오가는 변화는 일종의 가역 과정이므로 기저의 분자 메커니즘 역시 가소성이 있다고 보는 게 맞다. 편도체 회로에서는 흥분성 신경 전달 물질을 생성하는 유전자의 발현이 증가할 것으로 볼 수 있다. 이러한 유전자는 유전자 구성에 영향을 주지 않으면서 기능을 바꾸는 스위치 역할을 하는 가소성 조절 메커니즘의 제어를 받는다. 이러한 세포와 뇌의 다양한 부분에 이어진 뉴런에 작용하는 메커니즘을 생각해보면 헐크가 변신을 제어하는 신경학적 원리와 헐크의 뇌 구조를 추측할 수 있다.

실생활에서의 과학

다행히도 대부분의 사람은 공격적이고 폭력적인 성향을 훌륭하게 제어할 수 있다. 감정을 억누르는 능력은 아동기와 청소년기를 거치는 동안 전전두엽 피질 내에서 발달한다. 이 부위는 이십대 초반까지 성장하는데 간혹 십대들이 충동적이고 위험한 행동을 하는 이유가 여기에 있는 것으로 추측된다. 일반적인 경우는 아니지만 테트라클로로에틸렌 같은 독성 물질에 노출되는 것으로도 아이들의 과잉 행동과 공격성을 부추길 수 있다. 또한, 아동 학대와 관련된 사회적 요인은 뇌 기능, 해부학, 세포 기능에 영향을 미치고 공격적인 행동을 하도록 유발한다.

신경 과학자들은 뇌의 특정 부위와 행동 사이의 연관성을 이해하기 위해 다른 실험을 참고했다. 아프리카 시클리드* 중 아스타토틸아피아 버토니Astatotilapia burtoni라는 물고기의 수컷은 헐크처럼 변할 수 있다. 실제 헐크처럼 위험하지는 않지만 두 가지 상태, 헐크 같은 지배자 혹은 브루스 배너 같은 피지배자로 성격을 바꿔가며 존재한다. 지배자 수컷은 색이 화려하다. 눈 아래와 목, 그리고 가슴지느러미에 어두운 줄무늬가 있다. 이들은 함께 사는 물고기를 위협하여 영역과 동료를 지킨다. 반대로 피지배자 수컷은 어두운 색으로 거의 모든 시간을 지배자 수컷을 피해 달아나는 데 할애한다. 그런데 이 덩치 큰 피지배자 수컷을 기존의 수조

---

* 농어목 놀래기아목 시클리드과의 모든 물고기.

에서 빼내 작은 지배자 수컷이 있는 수조에 넣으면 역할을 바꾼다. 즉시 공격적인 행동을 보이며 눈의 줄무늬와 몸의 색을 바꾸고, 시간이 지나면 분비하는 테스토스테론이 늘어나 생리적 현상이 변화한다. 반면 피지배자가 된 수컷의 스트레스 관련 호르몬인 코르티솔 분비는 절정으로 치닫는다. 이들의 뇌를 들여다보면 지위가 올라간 물고기의 뉴런이 재구성되면서 크기가 커지고, 공격과 생식에 관련된 행동을 하는 신경 회로에 점화를 일으키는 모습을 관찰할 수 있다.

성격 변화

슈퍼 히어로나 성장이 끝나지 않은 경우가 아니더라도 성격이 완전히 변하면서 집행 능력을 잃어버리는 경우가 가끔 있다. 그중 하나가 피니어스 게이지Phineas Gage이다. 게이지는 금속 파이프가 두개골을 관통해 좌측 전두엽의 대부분이 파괴되는 사고를 당했다. 엄청난 고통을 버텨내고 살아남기는 했지만 성격은 완전히 달라졌다. 담당 주치의 할로우 J.M Harlow는 게이지를 '끈기 없고 무례하며, 입에 담지 못할 저속한 말을 퍼붓는 환자'라고 표현했다. 게이지는 집행 기능을 조절하는 전두엽의 활동과 성격 사이의 관계를 보여주는 오래된 증거이다.

4장

기이한 생리학

슈퍼 솔저 혈청

★ 등장: 〈인크레더블 헐크〉, 〈퍼스트 어벤져〉, 〈캡틴 아메리카: 윈터 솔져〉
★ 대상: 캡틴 아메리카(스티브 로저스)
★ 과학 개념: 유전학, 유전자 편집, 약리학

소개

완벽한 육체를 가지기 위해서는 어떻게 해야 할까? 올림픽 선수들은 기술을 완벽하게 갈고 닦기 위해 몇 년 동안 피와 땀을 흘리며 훈련에 매진한다. 훈련을 거치면서 인체는 요구되는 기능을 수행하기 위해 여러 가지 생리 현상, 세포, 조직과 관련된 유전자 발현을 조절한다. 근육 성장이 필요하다면 다양한 성장 인자가 새로운 세포와 조직의 성장을 유도할 것이다. 체력을 키워야 하는 상황이라면 적혈구의 산소 운반 능력이 향상되며 세포 호흡의 효율을 높인다. 민첩성과 반사 신경을 높여야 한다면, 뇌는 운동 피질의 뉴런 사이에 새로운 시냅스를 형성하여 필요에 따라 공중제비를 돌 수 있도록 인지 능력을 개선한다. 하지만 캡틴 아메리카는 유전자 표적 치료와 슈퍼 솔저 혈청의 제어된 활성화 반응으로 간단하게 모든 신체 능력을 향상한 경우라고 할 수 있다.

줄거리

〈퍼스트 어벤저〉에서는 병약한 스티브 로저스가 단 5분 만에 완벽한 신체를 가진 강력한 캡틴 아메리카로 변하는 모습을 볼 수 있다. 그의 변신을 이해하기 위해서는 슈퍼 솔저 혈청 개발의 주축인 아브라함 어스킨이 어떤 식으로 이 프로젝트를 설계하고 실행했는지 짚고 넘어가야 한다.

겉보기에는 크게 까다롭지 않은 후보자 선별 과정을 거쳐 구강과 정맥을 통해 혈청을 투여하고 비타 레이를 쬐여서 마무리하는 과정이다. 모든 처치가 끝나자 스티브 로저스는 순식간에 엄청난 근육, 뛰어난 민첩성을 얻었으며 심지어 키까지 커졌다. 슈퍼 솔저 혈청의 성분은 무엇일까? 여러 단계를 통해 투약하는 이유는 뭘까? 왜 반드시 빛을 통해 활성화해야 하는 걸까?

마블의 과학

　슈퍼 솔저 혈청을 맞은 대상은 실험이 제대로 완료된 후 인간의 한계를 벗어난 힘을 가지게 된다. 혈청의 합성 단백질은 복용자의 근육량 상승, 민첩성 향상, 피부와 근육 조직의 분자 밀도 증가 등의 효과를 가져온다. 이런 식으로 인간의 신체 기능을 완전히 바꿔 놓으려면 특정 세포 내의 유전자를 조작하는 기술이 필요하다.

　유전체는 체세포의 기능을 설계하는 아주 중요한 역할을 한다. 우리 인간의 유전체는 데옥시리보 핵산DNA으로 이루어져 있는데, 나중에 기능 단백질로 변하는 리보 핵산RNA 메시지를 암호화한 형태다. 간단히 말해서, 데옥리시보 핵산의 조각인 유전자는 특정 기능(단백질)을 하기 위해 (RNA를 통해)세포로 메시지를 보낼 수 있다는 뜻이다. 모든 세포는 올바른 메시지를 만들어 내고, 적절한 단백질을 형성하며, 정상적인 세포 기능을 유도하기 위해 각기 다른 방식으로 유전체를 사용한다. 어스킨이 개발한 슈퍼 솔저 혈청의 경우, 대상의 체격을 키우기 위해 유전자 기능을 조직 특이적으로 수정하는 동시에 신체 능력을 극한으로 올리는 새로운 유전자를 삽입해야 한다.

　근육 발달 부분에는 마이오스타틴, 인슐린 성장 인자IGF,

알파-악티닌-3ACTN3를 암호화하는 유전자를 녹아웃시키는 방식을 생각해볼 수 있다. 위의 유전자는 근육 성장을 제어하는 분자 경로에 신호를 보내는 핵심 단백질을 생산한다. 또한 건강한 근육 조직이 어느 정도 자랐을 때 성장이 멈추게 하는 역할을 하는데 이들 유전자의 기능을 조절하면 근육 대사에 엄청난 영향을 줄 수 있다. 유전자 조작을 통해 쥐의 마이오스타틴 유전자를 억제한 결과 엄청난 속도로 근육이 발달하는 모습을 볼 수 있었다. 인간과 일부 황소의 인슐린 성장 인자 유전자에서 발생하는 돌연변이는 평균보다 훨씬 많은 근육 생성을 유도한다. 흥미롭게도 알파-악티닌-3 유전자에 돌연변이가 있는 사람은 운동 능력과 달리기 능력이 뛰어나다는 주장이 있다.

캡틴 아메리카의 강인한 체력과 지구력은 그의 신체가 세포 호흡에 필요한 산소를 처리하는 능력이 특출하게 뛰어나다고 가정하면 설명할 수 있다. 관련 성분은 에리트로포이에틴EPO으로, 이는 혈구 생산을 증폭시키는 효과가 있다. 에리트로포이에틴은 적혈구 생산량을 높여 산소 운반량을 큰 폭으로 끌어올린다. 산소 운반량은 적혈구 용적률, 즉 혈액 내 적혈구 비율로 측정한다. 건강한 성인의 경우 34~50%이나 에리트로포이에틴으로 '혈액 도핑'을 유도할 경우 최대 80%까지 상승한다.

일하는 유전자

근육량과 완력에 관련된 과정 일부를 조절하는 유전자는 이름이 붙은 종류가 적을 뿐이지 사실 꽤 많다. 이러한 과정을 더 세밀하게 제어하려면 다양한 세포와 조직에서 수백 개가 넘는 유형의 유전자를 통제하는 기술이 필요하다. 게다가 합성 단백질을 암호화할 새로운 유전자까지 삽입해야 한다. 따라서 새로운 유전자가 낯선 세포에 안정적으로 자리 잡을 수 있도록 도와주는 물질을 슈퍼 솔저 혈청에 첨가해야 한다. 그 해결책이 바로 비타 레이이다. 비타 레이는 혈청이 작용하는 동안 세부 조직의 활동을 제어할 수 있도록 보조하는 역할을 한다.

실생활에서의 과학

어릴 적 친구들을 떠올려보자. 아마 저마다 잘하는 게 하나씩 있었을 것이다. 높이 뛰기를 잘 하는 친구, 달리기가 빠른 친구, 체스를 잘 두는 친구 등. 이러한 특성은 선천적 요인과 환경에 상호 작용하는 방식에 영향을 받아 결정된다. 그렇다면 우리가 슈퍼 솔저를 만들기 위해서는 특성을 어떤 식으로 설계하고 조정해야 할까?

우리는 지금까지 사람이 단백질을 암호화할 때 사용하는 대략 2만 개가 넘는 유전자 속에서 몇 가지 월등한 특징 발현에 기여하는 특정 유전자를 찾아내는 데 성공했다. 하지만 쥐를 이용한 실험에서 단 하나의 유전자만 건드려도 목표 특성에 영향을 미칠 수 있다는 것을 확인했다(게다가 인간은 쥐보다 복잡하다). 또한 유전자를 조작하는 기술은 아주 외과적이기 때문에 자궁에서 배아를 제거하거나 특정 조직에 거대한 바늘을 주사하는 등의 수단을 써야 한다. 이러한 접근 방식은 특정 유전체의 어느 한 부위에 있는 유전자를 정밀하게 노려야 한다는 난관이 있다. 캡틴 아메리카의 경우 다양한 신체 부위에서 여러 가지 유전자를 수정해야 한다.

언급한 모든 주의사항을 염두에 둔 채 인간의 유전체를 수정하고 병을 고치기 위한 몇 차례의 유전자 치료를 감행했다. 하지만 사망자가 발생하면서 발전 속도가 느려졌고 유전자 치료 분야 전체를 철저하게 재검토해야 했다. 한 번은 치료한 환자가 백혈병에 걸리기도 했다. 이는 유전 물질 조작으로 원하지 않는 조직에 돌연변이가 발생했음을 암시한다. 환자가 치명적인 면역 반응을 일으킨 경우도 있었는데 이를 통해 바이러스를 이용한 치료는 위험하다는 사실을 알아냈다.

유전 정보의 비특이적 삽입이 백혈병을 유발할 수 있다는 점을 고려했을 때, 최근의 크리스퍼CRISPR 게놈 편집 기술의 발달은 원하는 유전체를 정밀하게 수술할 수 있다는 부분에서 혁명이라고 할 수 있다. 이 체계는 박테리아에서 찾아낸 것으로, 거부 반응 없이 DNA를 삽입할 수 있도록 돕는다. 크리스퍼의 작동 원리는 간단하다. 먼저 특정 DNA를 찾을 때까지 유전체를 읽어 내려간다. 그리고 마치 분자 가위처럼 목표 DNA를 잘라서 유전자를 비활성화하거나, 때에 따라 잘라낸 자리에 새로운 DNA를 삽입한다. 분자 수준에서 벌어진다는 사실을 빼면 유치원 공예 시간과 크게 다르지 않다. 발견한 지 십 년 정도밖에 되지 않았지만 관련 바이오테크 회사가 여럿 창설되면서 새로운 시대의 치료학을 열어줄 것이라는 전망을 받기도 했다. 2018년에는 중국의 허 지안쿠이He Jiankui 박사가 크리스퍼 기술을 인간에게 접목할 수 있다는 사실을 보여주기 위해 에이즈 저항력을 높인 아이를 만들어 냈다. 여러 기초 연구실에서는 크리스퍼가 지난 30년 넘게 시도했던 여타 접근법에 비해 간단한 기술임을 증명했다. 기존의 방식을 활용했을 때 쥐에게서만 효과를 볼 수 있었던 반면 크리스퍼는 모든 동물에게서 의미 있는 성과를 거두었고 한 번에 여러 개의 유전자를 표적으로 삼을 수도 있다.

그렇다면 이제 유전체를 정밀하게 수정할 수 있다고 가정하자. 하지만 여전히 문제가 남아있다. 원하지 않는 면역 반응은 피하면서 정확한 조직을 노려야 한다는 것이다. 크리스퍼와 같은 단백질을 특정 조직에 전달하는 일은 간단하지 않으며 원하는 조직을 정확하게 수정하는 작업은 아주 까다롭다. 마찬가지로, 뇌 기능 향상을 위해 유전자를 수정하는 것은 아무 소용이 없으며 오히려 뇌 기능 손상을 초래할 수 있다. 약물 전달을 위한 조직, 혹은 세포 표적 치료법은 1900년대 초에 처음으로 개념화되었으나 이러한 목적을 위한 분자 전달 체계 연구는 1970년대 후반이 되어서야 진행되었다.

나노 기술의 발전 덕분에 흔히 '나노 캐리어'라고 부르는 나노 크기의 약물 전달체는 지난 10년간 비약적으로 발달했다. 나노 캐리어는 새로운 종류의 합성 입자로 원하는 표적에 약물을 전달하는 용도로 사용할 수 있다. 또한

10~1,000㎚ 크기의 다재다능한 전달체로 바이러스와 같은 약물 전달 수단에 비교했을 때 원하지 않는 면역 반응을 줄일 수 있다는 점에서 장래성이 있다. 약물 효과를 극대화하고 부작용을 최소화하기 위해서는 표적지에서 약물을 방출하는 방법이 가장 유리하다. 예를 들어 인간의 세포에서 자연적으로 만들어내는 리포솜(작은 지방 방울)을 사용하면 면역 반응을 유발하지 않고 물질을 나를 수 있다. 리포솜은 크리스퍼 구성 요소를 저장하는 나노 캐리어 역할을 하도록 합성할 수도 있고 목표 조직의 일반 세포와 큰 차이가 없다는 장점이 있다. 또한 수정을 가하면 리포솜이 서로 다른 파장에 민감하게 반응하게 되는데 국부적인 빛(레이저)을 쬐어 분해할 수도 있다. 이러한 기술(광역동치료)은 표적 조직 활성화와 면역 체계 감소를 유도하는 치료의 새로운 장을 열었다는 점에서 어스킨의 비타 레이와 유사한 부분이 있다.

냉동 인간

★ 등장: 〈퍼스트 어벤져〉, 〈캡틴 아메리카: 윈터 솔져〉,
〈캡틴 아메리카: 시빌 워〉
★ 대상: 캡틴 아메리카(스티브 로저스), 윈터 솔져(버키 반즈)
★ 과학 개념: 저온 생물학, 동면

소개

동물은 극한 환경에서 살아남기 위해 여러 가지 전략을 활용한다. 혹한이 닥쳐오면 다양한 생명체가 체온을 낮추고 물질대사를 조절하며 한 계절 내내 가사 상태로 지낸다. 예를 들어 알래스카 송장개구리는 겨울 동안 완전히 얼어 있다가 봄이 오면 깨어난다. 작은 포유류들 역시 물질대사량을 낮추고 여름에 모아둔 지방을 소모하는 방식으로 춥고 혹독한 겨울을 이겨낸다. 이러한 생존 전략은 확실히 개구리나 다람쥐에게는 유용해 보인다. 그런데 과연 사람도 추운 환경에서 물질대사를 멈추고 생명을 유지할 수 있을까? 실제로 사람이 캡틴 아메리카나 윈터 솔져처럼 단 하루도 늙지 않고 수십 년을 살 수 있을까?

레드 스컬과 최후의 대결을 펼치던 캡틴 아메리카는 히드라의 폭격기인 발키리를 북극해에 불시착시키고 그 충돌의 여파로 대서양 어딘가에 추락해 약 70년간 실종된다. 스티브는 쉴드가 그를 찾아낼 때까지 빙하 속에서 얼어 있었다. 버키 반즈 역시 윈터 솔져로 다시 태어나면서 몇 차례나 냉동 상태에 빠져야 했다. 윈터 솔져가 된 버키는 오랜 기간 동안 냉동 상태로 지내며 암살이 필요할 때마다 깨어나 지시를 따랐다. 체온이 급격하게 내려가면 사람의 몸에 무슨 일이 일어날까? 스티브와 버키가 냉동 상태에서 소생할 수 있었던 이유는 무엇일까?

마블의 과학

버키와 스티브는 냉동 상태에서 수십 년 동안 늙지 않았다. 먼저 스티브 로저스를 살펴보자. 스티브는 북극해에 불시착하여 70년 동안 눈을 붙였다가 쉴드 요원이 그를 발견하면서 잠에서 깨어났다. 윈터 솔져가 된 버키는 접근이 제한된 장치에서 역사를 넘나들며 여러 차례 냉동과 해동을 반복하며 암살을 저질렀다. 슈퍼 히어로인 이들과는 다르게 우리는 신체에서 중요한 역할을 하는 부위가 37℃ 이하의 환경에 오래 노출되면 저체온증으로 사망한다. 장기가 기능을 멈추고 호흡 부전과 심부전 증상이 나타난다. 그들은 어떻게 추위 속에서 살아남을 수 있었을까? 몸이 얼어붙으면 어떤 일이 일어날까? 동물은 추위 속에서 어떻게 자신을 보호할까?

지금 당장 아무런 보호 장비 없이 주변의 기온이 급격히 내려가면 우리는 저체온증으로 사망하고 만다. 처음에는 언어 능력 상실, 졸림, 인지력 감소, 근육 경직으로 인한 운동 능력 저하 등의 증상이 나타난다. 추위가 극에 달하면 동상을 입어 살이 붉고 창백해지며, 감각이 사라지고 피부가 파랗게 변한다. 몸이 얼어붙을 때 가장 위험한 증상은 조직 내에 얼음 결정이 생기는 것이다. 결정이 형성되면서 발생하는 전단력과 세포의 탈수 현상은 신체에 치명적이다. 세포 밖으로 흘러나온 수분은 얼음이 되어 세포 간 용액을 늘리고 화학 균형을 깨뜨린다. 이러한 작용은 한 번 일어나면 다시는 복구할 수 없기 때문에 캡틴 아메리카와 윈터 솔져는 반드시 이 문제를 해결해야 한다.

자연으로 눈을 돌려 보자. 다양한 동물이 급격한 체온 변화에 따라 생리학적 변화를 겪으면서 용케 살아남는 모습을 볼 수 있다. 송장개구리는 세포 내에 얼음 결정이 형성되지 않도록 간에서 더 많은 글루코오스를 생산하여 세포 조직으로 보낸다. 세포 간 포도당이 폭발적으로 증가하면 수분이 세포 밖으로 나오지 못하며, 이미 세포 사이에서 공간을 차지하고 있는 수분이 얼음으로 변하지 못하도록 막는다. 당으로 가득한 부동액은 세포 탈수 현상을 감소시키며 얼어가는 물속에서 살아남을 수 있도록 도와준다. 개구리의 생존 전략을 참고했을 때 어쩌면 캡틴 아메리카의 강력한 간이 글루카곤을 충분히 저장한 덕분에 그가 칠십 년의 수면을 버텨냈을지도 모른다. 비슷한 전략으로 혈액에서 얼음 미결정이 형성되지 않도록 막는 친수성 부동 단백질(북극 어류에서 찾을 수 있다)을 사용하는 방법도 있다. 어스킨이 처음부터 슈퍼 솔져를 얼릴 생각이었다면 혈청에 이러한 유전 정보를 삽입했을 것이다(4장 슈퍼 솔져 혈청 참조).

얼음 형성을 방지하는 방식 이외에도 많은 포유류가 동면 기간 동안 체온을 조절하거나 물질대사를 낮추는 방법을 사용한다. 예를 들어 열세줄땅다람쥐 같은 작은 포유류는 호흡을 줄이고 분당 심장 박동수를 200bpm에서 5bpm으로 낮추어 물질대사를 조절한다. 이러한 변화가 일어나면 체온이 정상 체온과 주변 기온(영하) 사이를 오르내리면서 에너지 소모량은 줄어들고 효율은 높아진다. 이러한 체온 변화를 감당하기 위해서 스티브 로저스는 70년 동안 사용할 수 있을 만큼 많은 지방, 그러니까 엄청나게 많은 양의 음식을 먹어두어야 했을 것이다(발키리에 있던 전투 식량 초콜릿을 훔쳐먹든가). 흥미롭게도 거의 모든 포유류는 체온이 천천히 내려갈 때 비슷한 생리적 변화를 겪으며 조직 내 얼음 결정 형성을 예방한다. 만약 버키가 동결 방지 기능이 있는 혈청을 맞았다면 동면하는 동물처럼 휴면 상태에 들어가게 될 것이다.

실생활에서의 과학

버키 반즈에게 적용되었던 상상의 냉동 기술은 많은 사람들이 현실로 구현하고 싶어 하는 오랜 소망이다. 오랫동안 낮은 온도와 동결 보호제를 통해 조직을 보존하려는 기술을 개발하기 위해 노력해왔다. 실제로 동면한 인간으로는 카롤리나 올슨Karolina Olsson이 있다. 알려진 대로라면 그는 1876년부터 1908년까지 수면 상태에 있었다.

몸을 얼려 드립니다

의학 기술이 고도로 발달하여 못 고치는 병이 없는 시대에서 살 수 있기를 바라는 마음으로 냉동 인간 서비스를 제공하는 회사가 몇 군데 있다. 알코어 생명 연장 재단은 1966년 이래로 158명을 냉동 보존했다 (현재 대기자는 1,194명에 달한다). 첫 번째 냉동 인간은 캘리포니아대학교 심리학 교수인 제임스 베드포드James Bedford로, 폐로 전이되는 악성 신장암 진단을 받았다. 법적인 죽음 이후, 그의 몸을 디메틸 술폭시드로 냉동하여 현재 애리조나주의 스코츠데일에서 보관하고 있다.

인체가 영하의 기온에 냉각된 다음 원래대로 복구될 수 있는지는 아직 확인되지 않았으나, 더 작은 단위의 실험에서 유의미한 진전이 나타났다. 예를 들어 작은 조직과 세포군을 영하 80℃ 이하의 온도에서 냉동 보관할 수 있다 (정자, 난자, 인간 배아 등). 이러한 접근법은 유리화 작용을 응용하는데 동결 보호제가 얼음 형성을 억제하고 샘플 분자의 움직임을 둔하게 만들어 영하 140℃의 온도에서 고체/액체 상태를 유지하는 식이다. 이를 전체 조직과 장기로 확대 적용하려면 더 철저한 조사가 필요하다. 예를 들어 장기은행은 4시간에서 20시간 정도 조직을 보존할 수 있지만 영하의 온도로 보관할 수는 없다. 만약 영하의 온도에서 장기를 안전하게 보관할 방법이 있다면 시간과 공간의 제약을 덜 받으면서 조직을 효율적으로 이식하여 더 많은 생명을 살릴 수 있다. 불행히도 동결 보호제의 경우 큰 조직을 보존하려면 독성이 생길 만큼 농도를 올렸다가 나중에 해독 과정을 거쳐야 하는데 오늘날의 의학 기술로는 어렵다.

현재 다양한 동물(열세줄땅다람쥐, 북극 어류, 송장개구리)을 대상으로 동면 시작 체계를 이해하기 위한 전임상 연구가 진행 중이다. 나의 경우, 땅다람쥐가 동면하는 동안 DNA 메틸화라고 부르는 분자 마커가 근육 대사와 관련된 유전자 발현을 프로그래밍하는 방식을 확인하는 연구를 진행한 적이 있다. DNA 메틸화가 일어나면 동면에 들어간 동안 스위치를 내린 것처럼 근육 대사에 중요한 영향을 미치는 유전자(MEF2C)를 차단한다. 물론 이러한 과정을 구현하려면 아마 여러 단계의 제어가 필요하겠지만 메커니즘 일부를 기본적으로 이해하면 표적 신체 조직에 약물을 전달하고 물질대사 감소를 제어할 수 있을 것이다. 동면기에 들어간 동물의 여러 조직에서 발현되는 유전자를 분류하여 인간의 유전체와 대조하면 동물을 극한의 추위에서 견딜 수 있도록 하는 분자적 변화에 대한 통찰을 얻을 수 있다.

하트 허브의 약리학

★ 등장: 〈블랙 팬서〉
★ 대상: 블랙 팬서(트찰라), 킬몽거(에릭 스티븐슨, 은자다카)
★ 과학 개념: 식물 생리학, 식물 진화, 독성학

소개

인류는 필요한 작물을 만들기 위해 다양한 식물을 개량했다. 소비량을 충족시키기 위해 옥수수 품종을 선별하여 재배한다든지, 많은 양의 옥수수 껍질을 수확하여 바이오매스로 삼는 경우가 그 예이다. 다양한 식물 종을 각자의 효능에 따라 사용한 분야 중 가장 오래된 것이 바로 약리학이다. 사실 오늘날 쓰이는 약은 식물에서 성분을 추출한 뒤 화학적 합성을 통해 공급하는 경우가 많다(오피오이드, 디곡신, 아스피린 등). 지금까지도 여러 가지 질병에 사용할 수 있는 새로운 치료제를 찾기 위해 다양한 식물에서 추출한 화합물을 조사하고 있다. 이제 와칸다의 하트 허브가 어떻게 진화했는지, 그리고 하트 허브의 화합물이 어떤 원리로 트찰라에게 블랙 팬서의 힘을 불어넣었는지 살펴보겠다.

줄거리

〈블랙 팬서〉에서는 와칸다의 통치자들이 조국을 지키기 위하여 하트 허브를 섭취하고 초인적인 힘을 얻는 설정이 등장한다. 하트 허브가 유전자 조작 식물은 아니지만 복용하면 슈퍼 솔저 혈청을 복용한 스티브 로저스와 비슷한 생물학적 효과가 나타난다. 〈어벤져스: 인피니티 워〉에서 트찰라와 스티브가 타노스의 아웃라이더 군대를 향해 뛰어가는 장면에서 둘의 초인적인 속도를 알 수 있다. 블랙 팬서가 된 트찰라는 민첩성, 지구력, 인지 능력을 얻으며 환각 속에서 조상을 만날 수 있다. 하트 허브가 힘을 주는 원리는 정확히 알 수 없지만, 바센가라는 이름의 산에 묻힌 비브라늄 성분을 축적했다가 복용자에게 전달하는 것으로 보인다. 왕에게 힘을 줄 수 있는 것과 마찬가지로 블랙 팬서의 이름을 걸고 싸우는 의식을 준비할 때 다른 약초를 이용해서 후보자의 힘을 빼앗을 수도 있다.

마블의 과학

초대 국왕 바셴가는 하트 허브를 발견하고 침략자로부터 와칸다를 보호하기 위해 가문 대대로 블랙 팬서의 힘을 물려받아 나라를 지키도록 했다. 대체 하트 허브는 어떤 진화 과정을 거쳤길래 이런 효능이 생긴 걸까?

식물은 성장과 발달에 필요한 일차 대사를 수행하기 위해 고분자를 생성한다. 보통 단백질을 만드는 아미노산, 에너지를 저장하는 탄수화물, 유전 정보를 암호화하는 핵산과 다양한 유지 합성이 이 과정에서 일어난다. 이러한 일차 대사물 외에도, 일부 식물은 성장과 발달에 필요하지는 않지만 적합한 환경에서 건강하게 살아남기 위해 화학적 방어선을 형성하는 이차 대사 물질을 생산한다. 하트 허브가 자라는 환경이 동굴에 가깝다는 점을 고려해 볼 때, 하트 허브가 다른 식물(예를 들면 이끼, 양치류, 우산이끼)의 성장을 막는 이차 대사물을 생산하거나 초식 동물로부터 생존하기 위한 독성 물질을 분비한다고 추측해볼 수 있다. 신경독을 생산하는 대다수의 식물은 잎이나 생식 기관에 독성을 집중해 자신을 갉아먹는 초식 동물에게 값비싼 교훈을 새겨준다. 블랙 팬서 변신을 유발하는 이차 대사 물질의 경우 하트 허브가 피우는 보라색 꽃의 꿀에서 얻을 가능성이 높다.

이러한 이차 대사 물질을 복용하면 여러 가지 생화학 경로를 통해 다양한 부위에 영향을 미친다. 대사물을 생성하는데 사용하는 경로에 따라 플라보노이드, 테르페노이드, 질소 함유 알칼로이드, 황 함유 화합물로 분류할 수 있다. 예를 들어, 이차 대사 물질 중 하나는 폐 기능을 조절하는 수용기에 영향을 미치고 다른 대사물은 인지 능력을 높이는 수용기에 작용하는 식이다.

이제 트찰라의 수용체에서 일어날 생물 현상에 대해 추측해보자. 이차 대사 물질 중 하나가 조직의 다양한 수용체에 특이성이 높은 약물처럼 작용한다고 가정할 수 있다. 예를 들어 아드레날린 화학 반응 일부를 모방하여 교감 신경 활성도를 높이고 아드레날린 폭주 현상을 유도할지도 모른다. 또한 통각을 조절하는 내부 분자의 화학적 구조를 모방하여 전투에서 고통에 둔감하게 만들어주는 이차 대사 물질이 존재할 수도 있다.

그렇다면 트찰라와 에릭이 허브를 섭취했을 때 즉시 나타나는 몇 가지 효과를 이러한 이차 대사물로 설명할 수 있다. 블랙 팬서 의식이 진행되는 동안 둘 다 붉은 흙 아래에 묻혀 조상의 평원에 다녀왔는데, 그곳에서 사망한 각자의 아버지와 이야기를 나누었다. 약초나 비브라늄의 신비한 효능 때문일 수 있겠지만 이는 환각 증상과 상당히 유사해 보인다. 알칼로이드 계열(이차 대사 물질의 가장 큰 무리)의 일부 이차 대사물은 뇌의 세로토닌 수용체와 결합하여 전전두엽 피질을 민감하게 만들고 환각을 유도할 수 있다. 이는 에릭과 트찰라가 살아온 배경이 다름에도 비슷한 경험을 했다는 사실과도 맞아떨어진다. 식물은 약 6억 년 전 지구에 처음 나타난 이후 각자 나름의 방식으로 이러한 신경독을 발달시켰다.

실생활에서의 과학

약초의 역사는 아주 먼 옛날로 거슬러 올라간다. 고대 이집트인은 통증을 다스리기 위해 흰버드나무 껍질을 사용했다. 히포크라테스Hippocrates는 흰버드나무 껍질의 해열 효과에 대한 기록을 남기기도 했다. 이후 1829년 프랑스 약사 앙리 르루Henri Leroux가 처음으로 흰버드나무 껍질의 활성 화합물인 살리실산을 발견하여 정제한다. 1874년에는 헤르만 콜베Hermann Kolbe가 살리실산의 합성법을 발견하고, 이후 바이엘사의 화학자 펠릭스 호프만Felix Hoffmann

이 추가로 수정하여 아스피린을 만든다. 아스피린은 1899년부터 정식으로 처방되기 시작해 1915년에는 일반 의약품으로 자리 잡았다. 흰버드나무 껍질을 약으로 사용한 역사는 기록보다 더 오래되었을지도 모르지만 지난 100년간 세계에서 널리 사용된 약물이라는 사실에는 의심의 여지가 없다.

트찰라의 신체 변화를 살펴보면 조합하여 비슷한 효과를 낼 수 있는 몇 가지 식물 후보를 추려낼 수 있다. 예를 들어 이차 대사 물질로 에페드린과 슈도에페드린을 생산하는 마황Ephedra equisetina을 섭취하면 교감 신경 활성도 변화를 유도할 수 있다. 에페드린은 에피네프린과 같은 수용체에 반응하기 때문에 효과적인 자극제로 사용된다. 마황 추출물은 운동선수의 신체 기능을 높이기 때문에 도핑 방지 위원회에서 금지된 바 있다. 중국 의학에서는 이를 몇 세기 전부터 기관지염과 천식을 다스리는 용도로 사용했다. 고통을 견디는 능력은 양귀비에서 추출한 오피오이드로 얻을 수 있으나, 중독과 약물 남용이라는 부작용 위험을 감수해야 한다. 환각 효과는 페요테 혹은 산 페드로 선인장을 섭취하는 여러 종교 행사에서 찾아볼 수 있다. 두 종류의 선인장은 세로토닌 수용체에 결합하는 성분인 메

스칼린이 있어 복용 시 환각을 유발한다. 하지만 지금까지 설명한 식물 대부분은 성분이 체내에 있을 때에만 효능이 나타난다. 따라서 한 번 섭취하면 효과가 계속되는 하트 허브와는 다르게 정기적으로 복용해 주어야 한다.

인간은 치료에 도움이 되는 화학 성분을 찾기 위해 식물을 조사하는 과정에서 많은 약물을 발명했으며 지금도 신약 성분을 찾기 위해 탐사 영역을 넓히고 있다. 예를 들면 여러 종류의 뱀과 해양 무척추 동물의 독에서 중추 신경계를 위축시키고 심혈관계를 자극하는 분자 작용을 알아내는 연구가 있다. 포식자는 먹이의 몸에 독을 주입하여 마비시킨다. 이 독은 살모사나 청자고둥의 독샘에 있을 때는 위험하기 짝이 없는 성분이지만 약리학자의 손에 들어가면 약이 된다. 1975년 살모사에서 추출한 독이 항응고제 역할을 하는 것으로 드러나 최초의 고혈압 구강 치료제인 캡토프릴이 탄생했다. 당연한 소리지만 하트 허브는 어떠한 부작용도 없이 다양한 효능을 가지고 있으며 슈퍼 솔저를 만드는 혈청만큼이나 독특하다.

익스트리미스와 조직 재생

★ 등장: 〈아이언맨 3〉, 〈에이전트 오브 쉴드〉
★ 대상: 알드리치 킬리언, 페퍼 포츠, 에릭 사빈, 엘런 브
     랜트, 잭 태거트, 채드 데이비스, 데이비즈 사무
     엘, 데스록, 스코치, 브라이언 헤이워드, 퀘이크
★ 과학 개념: 조직 재생, 줄기세포, 자율 기능

소개

우리는 신체를 이루는 여러 부위의 세포 대다수를 재생할 수 있다. 몇 달이면 지금 몸을 돌고 있는 약 6ℓ의 혈액을 새것으로 교체할 수 있으며 기증받은 간은 2년 내로 원래 크기와 기능을 되찾는다. 하지만 팔다리나 뇌 조직처럼 다시 회복할 수 없는 부위도 있다. 자연에서는 팔다리 전체를 회복하거나 아주 빠르게 조직을 재생하는 능력을 발휘하는 동물을 찾아볼 수 있다.

〈아이언맨 3〉과 〈에이전트 오브 쉴드〉에 등장하는 익스트리미스 혈청을 맞으면 강력한 힘, 재빠른 반사 신경, 엄청난 고열을 방출하는 능력을 얻을 수 있다. 초기 개발 의도는 인간의 뇌를 조작하여 몸 전체에 일어나는 생물학 과정에 대한 통제권을 높이기 위함이었다. 익스트리미스는 장애인과 상이군인을 대상으로 실험을 시작했는데 단 몇 분 만에 부상 부위를 재생할 수 있었다. 이 때 실험자의 대사열이 급격하게 증가하기 때문에 조직이 원래대로 돌아오는 모습이 마치 타오르는 잉걸불을 떠오르게 한다.

마블의 과학

익스트리미스 혈청을 처음 개발한 사람은 마야 한센 박사로, 그의 목표는 생명체의 잠재력을 극한으로 끌어올리는 것이었다. 치료제로써의 장래성은 무궁무진했지만 자연 발화를 유발한다는 문제가 있었다. 한센은 문제를 해결하기 위해 토니에게 도움을 청하기도 한다. 하지만 결국 AIM의 자금과 지원을 받으며 알드리치 킬리언의 감독하에 기술이 개발된다.

익스트리미스 혈청을 맞으면 뇌의 사용하지 않는 부분

을 이용해 자율 신경 기능을 제어할 수 있으며 신체 일부를 아주 뜨겁게 만드는 능력이 생긴다. 익스트리미스 혈청의 가장 중요한 작용은 뇌가 전신을 직접 통제할 수 있게 하는 것이다. 혈청은 뇌의 가용 가능한 공간, 다시 말해 빈 슬롯을 이용해 힘을 발휘한다. 환자마다 혈청 수용력이 크게 차이 나는 이유도 어쩌면 뇌 상태가 사람에 따라 다르기 때문일 수도 있다.

엘런 브랜트의 경우 팔 절단 이후 시간이 꽤 흐르면서 뇌와 팔에 연결된 일차 운동 피질에 변화가 일어났다. 보통 이러한 신경 표상은 시간이 지나면서 사라지지만 다른 용도로 사용할 수 있는 시간은 충분하다. 하지만 익스트리미스 혈청을 주입하여 운동 피질에 영향을 미치기 위해서는 시기 선택이 아주 중요한 것으로 보인다. 유사한 예시로 킬리언은 평생 장애에 시달렸으므로 뇌의 여러 부위가 성장을 멈춘 상태에서 익스트리미스를 받아들여 재개조할 수 있었을 것이다.

익스트리미스 혈청을 성공적으로 받아들이면 모든 자율 기능을 의식적으로 제어할 수 있는 능력이 생긴다. 이는 원래 중요한 장기와 조직에 연결된 자율 신경계가 관장하는 일이다. 평소에 의식하지 않는 부분, 예를 들면 호흡이나 소화 같은 과정이 자율 신경계에 속한다. 익스트리미스 혈청은 복용자가 자율 신경계의 지시를 받는 세포 속 DNA 의 화학 성분을 마음대로 재암호화하고 수정할 수 있도록 하는 효과를 발휘한다. 그렇다면 의지대로 조직을 재생하려면 발현 유전자와 DNA를 어떻게 수정해야 할까?

뼈, 근육, 결합 조직을 마음대로 재생하기 위해서는 우파루파의 재생 과정을 참고해야 한다. 우파루파의 팔다리가 떨어져 나가면 상처 부위의 세포가 탈분화 과정을 거치면서 아체를 형성한다. 또한 해당 세포의 핵에 들어 있는 여러 유전자 중 핵 조절자로 활동하는 유전자가 발현한다. 위의 과정은 특정 기능을 가지도록 분화된 세포를 줄기세포에 가까운 상태, 즉 만능 상태로 퇴행시킨다. 아체 내의 만능 세포는 배아 발달 시기에 일어나는 방식과 유사하게 분열하고 성장한다.

실생활에서의 과학

익스트리미스 능력자와는 다르게 우리의 뇌는 조직 재생과 같은 영역을 의식적으로 통제할 수 없다. 사람의 인지 과정이 지나치게 혼란해지는 것을 막기 위해 자율 신경계에 제어권을 맡기기 때문이다. 스마트폰을 쓸 때마다

LED 화면의 픽셀 하나하나에서 나오는 빛 구조까지 보인다고 생각해보라. 우리의 자율 신경계는 부교감 신경계(휴지 상태)와 교감 신경계(투쟁 도피 반응)로 나뉜다. 뇌가 치유를 관장하는 권한을 가지는 한 가지 방법은 미주 신경(부교감 신경계의 일부)이 비장에 영향을 줄 때를 이용하는 것이다. 비장은 적혈구를 재활용하며 면역 반응에 필요한 백혈구를 저장하고 방출하는 기관이다. 감염 위험이 있을 때 미주 신경을 자극하면 백혈구 방출을 조절할 수 있다. 이 과정에서 염증 반응이 일어나 열이 날 수 있으나 (다행히도) 자연 연소는 일어나지 않는다.

우리가 세포를 재생할 때, 복잡한 분자와 세포 단위의 생리학적 과정이 일어나 조직 집단을 재생한다. 이 과정은 대부분 체내에서 가용 가능한 만능 세포에 의존한다. 예를 들어 아이나 유아는 사용할 수 있는 줄기세포가 많기 때문에 성인에 비해 손가락이나 발가락을 재생할 확률이 높다. 줄기세포는 배 발생이나 태아 발달 시기에 조직이나 장기를 생성하는 데 아주 효과적이지만 나이가 들수록 효율이 떨어진다. 현재 연구 중인 한 가지 전략은 환자의 조직을 외부로 꺼내서 건강한 장기에 배양하여 재이식하는 것이다. 예를 들어 환자의 지방이나 피부 세포를 떼서 연구실에서 배양하고 탈분화 과정을 통해 다능성 상태로 만들어주는 인자에 노출하는 방법이 있다. 페트리 접시에 아체를 만들어 상처 부위에 있는 다른 종류의 조직에 이식하는 방법과 유사하다. 일부 실험실은 한발 더 나아가 구조 단백질이나 당분에서 만든 배양 세포와 3D 프린터로 제작한 지지체를 결합하여 인조 장기를 만들고 있다. 3D 프린터로 만든 장기를 임상적으로 사용한 사례는 아직 없으나 쥐 모델 시스템에 필요한 신장을 만드는 작업에는 성공했다.

기술 자체는 유망하나 다능성 줄기세포를 만드는 현재의 기술은 많은 시간과 노력이 필요하다. 바이러스와 트랜스펙션 시약을 통해 환자의 몸 밖에서 성체 세포를 재프로그램화하기 때문이다. 한 가지 기발한 대안이 바로 전환분화 과정을 통해 (줄기 상태처럼 퇴행하는 과정을 거치지 않고)조직 내 세포의 기능을 바꾸는 것이다. 위의 개념을 이용한 접근 방식이 조직 나노 형질주입인데, 세포(표적 유전자)를 재프로그래밍하는 다수의 나노튜브(나노칩)와 인자를 원하는 부위에 삽입하는 방법이다. 나노칩은 세포막 내에 시간이 지나면 사라지는 나노포어를 만들고 세포를 탈분화시키는 인자를 흡수할 수 있도록 유도하는 국부 전기 자극을 방출한다. 이 방식은 쥐의 피부를 구성하는 세포를 재프로그래밍해 Etv2, FoxC2, Fli1 유전자 발현을 높이는 과정을 통해 모세 혈관 맥관 구조를 이루는 내피세포를 형성하는 데 사용되어 왔다. 실제로 다리 절단 수술을 받은 쥐에게 사용했을 때 수술로 인한 손상을 재생할 수 있었다. 임상 단계까지 약 10년에서 20년 정도가 남아 있지만 재생 치료의 형태를 혁명적으로 바꿀 수 있는 꿈의 기술이다.

불사의 몸

소개

백 년 전 미국인의 평균 수명은 여성 56세, 남성 53.5세였다. 오는 2050년의 미국인 기대 수명은 여성 89~94세, 남성 83~86세이다. 성별, 유전자, 의료 접근성, 식습관, 운동은 모두 기대 수명을 높이는 변수이다. 이를 개선하면 전반적인 삶의 질을 향상할 수 있다는 것이 당연한 사실이지만 분자 수준에서 세포에 미치는 영향은 아주 최근에야 분자 생물학자들이 밝혀냈다. 우리는 아주 길거나 짧은 수명을 가진 동물을 연구하여 유기체 수준의 관점에서 장수에 대한 자세한 지식을 얻어냈다. 이제 알고 있는 정보를 바탕으로 아스가르드인과 슈프림 소서러가 몇 세기 동안 살 수 있는 이유를 추측해보자

줄거리

마블 시네마틱 유니버스에는 종종 인간의 평균 수명보다 아주 오랜 세월을 사는 인물들이 등장한다. 〈닥터 스트레인지〉의 에인션트 원은 다크 디멘션에서 힘을 얻어 700년이 넘는 시간을 살면서도 중년 인간의 외관을 유지했다. 아스가르드인의 경우 약 800년 전인 13세기부터 지금까지 살아 있는 모습을 보아 종족 평균 수명은 그 이상이라는 사실을 알 수 있다. 로키나 토르는 아주 오랜 시간을 살았지만 오딘, 헬라, 헤임달과 같은 구세대 아스가르드인에 비하면 아직 어리다고 할 수 있다. 이러한 인물들은 나름의 독특한 능력이 있으며 오랜 시간 동안 지식과 기술을 연마하여 힘을 적절하게 활용하는 방법을 수련했다.

마블의 과학

마블 시네마틱 유니버스에서는 인간 수명의 한계를 가

뿐히 넘어서는 등장인물들을 볼 수 있다. 세포 수준에서 보면 나이를 먹는다는 것은 노화 현상 혹은 세포의 분열 기능 상실로 이해할 수 있다. 일반적으로 사람은 죽을 때까지 세포 분열을 10^{16}번 한다. 노화는 세포를 세부적인 조직으로 나누는 복제 속도와, 건강과 성장을 유지하는 줄기세포 재생에 관련된 문제다. 그렇다면 세포 노화가 시작되는 시기를 늦추는 일이 가능할까? 답을 찾기 전에 세포가 10^{16}번 이상 분열 하면서 DNA의 질이 떨어진다는 점을 생각해야 한다. 세포 내에 있는 유전체에 돌연변이가 축적되는 것처럼 말이다.

인간과 마찬가지로 신체 건강한 젊은 아스가르드인의 세포핵에도 부모에게 받은 유전 정보를 저장하는 23쌍의 염색체가 있다고 가정하자. 보통 사람이 가지고 있는 X 모양 염색체를 떠올려 보자. 염색체의 허리 부위를 '동원체'라고 부르며, 4개의 말단 영역을 '텔로미어'라고 한다. DNA가 체세포 분열 과정에서 복제될 때, 텔로미어는 세포 분열이 끝날 때마다 조금씩 짧아진다. 나중에 세포가 분열할 수 없을 만큼 텔로미어가 짧아지면 노화가 시작된다. 마블 시네마틱 유니버스에서 영생에 가까운 삶을 사는 인물들은 '텔로머레이즈'라고 알려진 고효율 효소를 과발현할 필요가 있다. 텔로머레이즈는 염색체 끝단에 뉴클레오티드 염기(DNA 나선 구조의 가로대)를 첨가하여 텔로미어가 짧아지지 못하게 막는다.

어느 정도 시간이 지나면 DNA는 자유 라디칼로 말미암아 손상되고 돌연변이 축적이 일어난다. 노화가 시작된 뇌는 높아진 대사율과 산소 소모량, 그리고 저하된 항산화 능력으로 인해 큰 산화 손상을 입는다. 에인션트 원이 현명함을 유지하는 비결 중에는 700년이 넘는 세월을 사는 동안 누적되는 산화 작용을 처리하는 방법이 포함되어 있다고 추측할 수 있다. 이는 사실 수퍼옥시드 디스무타제, 카탈라아제, 글루타치온 과산화효소와 같은 항산화 단백질을 발현하면 가능하다. 손상이 발생하더라도 효율적인 DNA 수선 효소가 세포핵에서 망가진 가닥을 교정할 수 있다. 보통 염기를 제거하는 방식으로 이루어지는데 DNA 나선의 사다리 중심을 빼내는 것과 비슷하며, DNA 나선 사다리의 가운데와 옆 부분을 제거하는 뉴클레오티드 절단 회복이 발생한다. 아스가르드인의 경우, DNA 회복 메커니즘은 중합 ADP-당 중합효소3PARP3의 과발현에 의해 발생할 수 있다. 이 효소는 DNA 손상이 감지되면 실패 모양의 단백질에 당 변형을 가하여 유전체 일부에 표시를 남기는 역할을 한다.

지금까지 입증된 공식 기록상 가장 장수한 사람은 잔 칼 망Jeanne Calment으로, 122년 하고도 164일을 살았다. 그는 대 대로 장수하는 집안에서 태어나 스트레스 없는 생활을 하 고, 잘 먹었으며, 규칙적으로 운동했다. 칼망의 장수 비결은 환경적 요인과 유전적 요인의 복합적인 효과로 보인다.

환경 변수 외에 생물 노화의 척도로 DNA 개요의 화학적 변화를 사용하기도 한다. 구체적으로 DNA 메틸화(3장 헐크 의 변신 참조)는 스티브 호바스Steve Horvath 박사가 개발한 분자 시계의 분자적 기질로 사용해 왔다. 유전체 전체에서 시토 신 잔기를 메틸화하면 노화 과정에서 변화의 대상이 되는 조직 사이에 고유의 패턴을 형성한다. 8,000개의 인간 조 직 샘플에서 유전체를 DNA 메틸화한 패턴을 찾아본 결과, 평균 오차 ±3.6년으로 생물학적 나이를 알 수 있는 353개 의 메틸화 패턴이 나타났다. 353개 부위에서 찾은 DNA 메 틸화 패턴이 노화의 원인이라고 단정지을 수는 없지만 질 병이 노화와 사망률에 영향을 미치는 방식을 이해하는 굉 장히 확실한 단서를 제공한다.

스트레스를 피하라

샌프란시스코 캘리포니아대학교의 얼리사 에펠Elissa Epel 박사는 건강한 갱년기 여성을 대상으로 진행한 실험에서 심리적 스트레스로 인한 세포 노쇠의 심오한 변화를 밝혀냈다. 높은 스트레스를 받은 집단의 혈액 속의 세포를 검사하자 텔로미어 길이가 줄어들고 텔로머레이즈 활동성이 감소했으며 산화 손상이 높아져 있었다. 실험에 참여한 사람 중에서 가장 스트레스를 많이 받는 사람과 적게 받는 사람을 비교했을 때, 텔로미어 기준으로 약 10년의 차이가 있었다.

환경적 요인이 개인의 수명을 조절할 수 있으나 장수의 비결은 보통 유전자에 암호화된 유전 물질의 차이에 있다. 사람의 경우 포크헤드 상자 O3FOXO3와 아폴리포 단백질 EAPOE 유전자의 돌연변이는 90세 이상의 눈에 띄게 오래 사는 사람에게 나타나는 것으로 보인다. 포크헤드 상자 O3는 다양한 항산화 단백질의 조절체로, 나이가 드는 동안 조직에 가해지는 산화 부하를 낮추는 원리임을 암시한다. 아폴리포 단백질 E는 혈액으로 콜레스테롤을 운송

하기 위해 지방과 결합하는 단백질인데, 돌연변이가 일어나면 심혈관 질환에 걸릴 확률을 낮출 수 있을 것으로 보인다.

사람 외의 영역으로 방향을 돌려 동물이 오래 살아남기 위해 사용하는 다양한 대안 전략을 살펴보자. 노화를 이해하기 위해 비교를 사용하는 접근 방식은 바숍 수명 노화연구소의 스티븐 오스타드Steven Austad 박사가 개발했다. 오스타드 박사의 장수 지수는 해당 종에서 가장 오래 산 개체의 수명을 평균 체중을 가진 개체의 기대 수명으로 나눈 값이다. 거의 모든 동물의 장수 지수는 곡선을 그리며 떨어졌지만 늘 그렇듯이 예외도 있었다. 대표적인 예시가 보통 41살까지 사는 큰수염박쥐이다. 체중이 4~8g 정도인 작은 포유류와 비교하면 큰수염박쥐는 예상보다 9.8배 오래 사는 셈이다. 최근 미국 하버드대학교의 바딤 글라디셰프Vadim Gladyshev가 밝혀낸 게놈 배열 순서는 성장(성장 호르몬과 인슐린 유사 생장 인자-1 수용체)에 관련된 일부 단백질 수용체에 대한 둔감성이 원인일 수 있다는 사실을 암시한다.

5장

놀라운
기계 공학

강화 외골격

★ 등장: 〈아이언맨〉, 〈아이언맨 2〉, 〈어벤져스〉, 〈아이언맨 3〉, 〈어벤져스: 에이지 오브 울트론〉, 〈캡틴 아메리카: 시빌 워〉, 〈스파이더맨: 홈커밍〉, 〈어벤져스: 인피니티 워〉

★ 대상: 아이언맨(토니 스타크), 워 머신(제임스 로드), 아이언 몽거(오베디아 스탠), 위플래시(이안 반코)

★ 과학 개념: 인간 기계 인터페이스, 강화 외골격

소개

수백만 년 동안 진화를 거듭하면서 인간은 몸을 움직이는 방식을 다양하고 효과적으로 발달시켰다. 달리기나 수영을 떠올려보자. 동작이 머리에 떠오르는 즉시 몸이 움직이는 것 같지만, 사실 자연스러운 동작을 만들기 위해서는 여러 과정이 필요하다. 사람의 모든 움직임은 여러 부위의 다양한 근육군이 번갈아 수축하면서 일어난다. 쉽게 말하자면 사람은 액추에이터 대신 힘줄을, 소켓 대신 중심축과 관절을 가진 기계이다. 강화 외골격을 설계할 때 이를 안전하게 제어하기 위해서는 생체 역학적 움직임을 고려해야 한다. 아주 자연스럽게 움직일 수 있으면서도 근력과 속도를 향상하는 강화 외골격을 만들려면 어떤 기술이 필요할까? 마음만 먹으면 직접 아이언맨 슈트를 만들 수 있을까?

줄거리

아이언맨 슈트가 마블 시네마틱 유니버스에서 가장 위대한 발명품이라는 사실에는 여러 가지 근거가 있다. 순수한 의지와 독창성의 산물이라는 것, 중년의 토니 스타크가 어벤져스로 활약할 수 있도록 한다는 것 등. 토니는 합금으로 만들어진 47개의 아이언맨 슈트를 제작하고 손과 팔에 리펄서를 장착하여 하늘을 날거나 에너지 펄스를 발사하는 기능을 넣었다. 이 슈트들은 구조 작업을 수행하거나 헐크를 제압하는 등 각각의 목적에 맞게 크기와 모양이 다양하다. 제임스 로드 중령의 슈트는 중화기를 장착해 워머신으로 활약한다. 그 외에 등장하는 슈트로는 오베디아스탠의 아이언 몽거, 저스틴 해머의 드론, 이반 반코의 위플래시 마크 2가 있다.

베타 전지와 유사한 아이언맨의 아크 원자로는 입자 붕괴를 통해 전기를 방출해 슈트에 필요한 전력을 공급한다. 리펄서에 사용하는 연료 추진 시스템은 스타로드 일행이 사용하는 제트팩과 유사하다. 아마 지구 내에서는 따로 산화제 없이 대기의 산소를 사용하는 소형 제트 추진 장치를 사용할 것이다. 〈어벤져스〉에서 로키의 포탈을 통해 우주로 나간 아이언맨이 추진력을 잃은 이유가 이것 때문일지도 모른다. 당시 사건을 본보기 삼아 이후에는 연소를 유지할 수 있는 산화제와 연료를 소모하는 로켓 추진 방식을 사용했다(5장 제트팩 참조).

연료통을 사용하면 비행 지속력에 제한이 생기므로 토니는 전기 추진을 구현하기 위해 아크 원자로에 의존할 수밖에 없다. 전기식 추진은 로켓이나 제트 연료의 높은 성능을 따라갈 수는 없지만 연료의 효율성이 뛰어나다. 아이언맨의 이온 엔진을 예로 들면 아크 원자로의 전기를 사용해서 중성 연료(제논 같은 비활성 기체)의 전자를 분리하는 방식을 사용할 수 있다. 연료가 양전하 이온으로 변하면 이온 사이에 반발이 일어나고 이 힘을 추진력으로 사용할 수 있다. 하지만 이렇게 만들어 낸 추진력은 아주 약해서 슈트를 입지 않은 토니 스타크조차 들어 올릴 수 없다. 아이언맨 슈트는 아마 직접 개발한 저온 연소 슈퍼 연료에 전기 반응을 일으켜 동력을 얻는 것 같다.

아이언맨 슈트는 토니가 하늘을 날 수 있게 해줄 뿐 아니라 엄청나게 강한 완력을 발휘할 수 있도록 한다. 슈트를 입으면 힘이 세지는 이유가 무엇일까? 슈트를 공중으로 띄우는 힘과 액추에이터를 사용하면 전기력을 역학적 움직임으로 바꿀 수 있다. 예를 들어 무릎의 요동형 액추에이터는 정강이 움직임을 원형 평면 기준 $90°$ 이하로 제한한다. 요동형 선형 액추에이터를 여러 개 배치해서 사람의 근육이 자유롭게 움직일 수 있어야 올바른 설계라고 할 수 있다. 토니가 이 상태에서 움직이려면 민감하게 반응하는 힘 피드백 시스템이 필요하다. 사람의 움직임과 슈트가 자연스럽게 어우러지도록 만드는 정밀한 안전 장비가 없다면 〈아이언맨 2〉에서 해머제 장비에 탑승한 불운한 친구처럼 척추가 뒤틀릴 수도 있다.

아이언맨 슈트가 인터페이스 센서를 통해 스타크의 움직임을 예측할 수 있다면 확실히 안정성을 보장할 수 있다. 동작 예측 기능을 활용하면 〈스파이더맨: 홈커밍〉과 〈아이언맨 3〉에서 그랬던 것처럼 스파이더맨과 페퍼 포츠에게 빈 슈트를 보내고 자연스러운 동작을 통해 원격 조종하는 것도 가능하다. 슈트를 입은 상태에서는 특정 근육군의 전기적 활성을 측정하는 근전도 검사EMG를 사용하면 된다. 검사 결과를 사용하면 근육의 움직임을 코드화해서 해당 부위의 슈트로 알려줄 수 있다. 〈어벤져스〉에서 핵탄두를 들고 치타우리 병력을 향해 날아갔을 때를 살펴보자. 신경의 전기 신호가 온몸으로 퍼져나가 일부 근육군에 명령을 내린다. 팔과 상체는 탄두를 지탱하고 하중을 견디기 위해 복근은 수축한다. 근육군이 보내는 근전도 검사 신호는 해당 부위의 액추에이터에 전달되어 움직임을 지시하고 관절을 돌리거나 몸 중간부를 긴장시켜 운반을 돕는다. 꼭두각시 모드에서는 뇌가 보내는 신호를 도중에 척수에서 받아서 원하는 슈트를 원격 조종한다.

실생활에서의 과학

현실에는 아이언맨이 존재하지 않지만 1960년대에 튜브에 매달린 꼭두각시 모양의 공압식 외골격을 발명한 것을 시작으로 지금까지 강화 외골격 분야에서 꽤 많은 발전을 이루어냈다. 1960년대에 제너럴 일렉트릭General Electric에서 처음으로 외골격 실용화에 착수해 사람의 힘을 25배 높이도록 설계한 '하디맨'을 탄생시켰다. 하디맨은 미군과 함께 진행한 프로젝트였는데 사용자가 물건을 너무 강하게 잡지 못하도록 하는 운동 감각적 문제를 비롯하여 여러 난관에 부딪혔다. 하디맨의 무게는 750kg으로 예상 운반 가능 하중의 두 배였으며, 다리를 교차할 때 부상 위험이 있다는 의견이 있었다. 기술상의 한계 때문에 가동 가능 부위를 동시에 움직이는 것이 불가능했고 사람이 들어가서 조종한 적은 단 한 번도 없었다. 1975년 이 프로젝트는 사실상 막을 내렸으나 제너럴 일렉트릭은 여기서 얻은 경험을 토대로 힘 피드백 로봇팔을 만들어냈다. 이후 보행을 돕거나 노동자의 산업 재해를 최소화하는 용도 등 다양한 외골격이 탄생했다.

엑소 바이오닉스Ekso Bionics는 다양한 분야에 접목할 수 있는 외골격을 판매하고 있다. 엑소GTEksoGT 외골격은 뇌졸중이나 척추손상 환자의 보행을 도울뿐 아니라 환자의 걸음걸이를 측정해 회복과 재활 치료에 도움이 되는 데이터를 제공한다. 물리 치료사는 데이터를 통해 환자가 움직일 수 있는 부분이 어디인지 정확히 이해할 수 있고. 이는 곧 효율적인 치료 결과로 이어진다.

미래의 외골격은 금속 기반이 아니라 더 부드럽고 유연한 형태로 진화할 것으로 보인다. 이 분야를 연구하는 학문을 '소프트 로보틱스'라고 부르며, 가변성이 높은 물질과 생체 모방 설계를 통해 인간 근육 기능을 모방한다. 예를 들어 하버드 바이오 디자인 랩에서 개발한 소프트 엑소 슈트는 편안한 직물로 되어 있어 별도의 움직임이 필요 없다. 기계의 움직임이 일반적인 사람이 걸을 때 사용하는 근육군 위에 겹치면서 보행에 필요한 에너지를 줄인다. 허리 부근의 배터리와 모터가 직물에 설치한 전선을 따라 힘을 전달한다. 이 슈트의 가장 큰 장점은 환자가 병원 복도에 앉아 있는 생활에서 벗어나 자유롭게 활동할 수 있도록 도와준다는 것이다.

나노 장비

★ 등장: 〈블랙 팬서〉, 〈어벤져스: 인피니티 워〉
★ 대상: 아이언맨(토니 스타크), 스파이더맨(피터 파커),
　　　　블랙 팬서(트찰라), 킬몽거(에릭 스티븐슨, 은자다카)
★ 과학 개념: 나노 기술, 집단행동

소개

　지구의 첫 번째 단세포 생물은 약 35억 년 전에 처음 나타났으며, 오늘날의 동식물처럼 복잡한 조직계와 기관계를 가진 다세포 생물로 진화한 것은 6억 년밖에 되지 않았다. 수많은 세포를 어떻게 활용할 수 있는지 학습하기 위해 오랜 시간에 걸쳐 여러 가지 시도를 반복한 셈이다. 이제 단세포에서 다세포로 진화하는 과정을 기계에 적용한다고 상상해 보자. 미시적 변화가 일어나는 단계라는 것을 감안했을 때, 1~100㎚ 수준의 세계를 탐험하는 나노 기술이 필요하다고 결론 내릴 수 있다. 앞으로 나노로보틱스의 이해를 바탕으로 아이언맨, 스파이더맨, 블랙 팬서의 나노 피부를 이루는 세포의 집단행동을 파헤쳐 보겠다.

줄거리

〈어벤져스: 인피니티 워〉로 이어지는 마블 시네마틱 유니버스 영화에서 아이언맨, 스파이더맨, 블랙 팬서가 나노 기술을 활용할 때마다 그들의 외관이 완전히 바뀌는 것을 확인할 수 있다. 토니와 슈리가 개발한 나노 기술은 자기 조립이 가능한 나노 로봇을 이용해 마치 또 다른 피부처럼 사용자를 덮는다. 블랙 팬서의 슈트는 운동 에너지를 흡수하거나 방출할 수 있는 비브라늄의 특성을 응용했다. 또한 나노 슈트는 모양과 형태를 바꿀 수 있다. 타노스와의 전투에서 아이언맨의 마크L은 팔 부분을 방패나 망치 모양으로 바꾸었으며, 스파이더맨의 아이언 스파이더는 위험한 순간에 네 개의 거미 다리를 뽑아냈다. 나노 슈트를 무기로 사용하지 않는 동안 진짜 조직처럼 하위 구성 요소를 재분배하여 슈트의 찢어진 부분을 복구할 수도 있다.

마블의 과학

나노 슈트의 기본 단위는 아마 나노 수준의 로봇 세포

로 이루어져 있을 것이다. 이러한 나노 장비가 사용자를 감싸는 액체 피부처럼 보인다는 점을 고려하면, 나노 세포의 크기는 아무리 커봐야 모래알 정도의 수준이라고 추측할 수 있다. 물론 나노 세포마다 역할이 전부 다르지만 아마 세포의 움직임과 방향을 지시하는 초소형 컴퓨터가 공통적으로 내장되어 있을 것이다. 나노 세포 한 개는 사용자에게 별 도움이 되지 않을지 모르나, 수백만 개의 세포가 집단으로 행동하면 마블 시네마틱 유니버스에 등장하는 여러 가지 특징을 현실로 옮길 수 있다. 개미 한 마리는 강을 헤엄쳐 건널 수 없으나, 수백 마리가 모이면 개미 뗏목을 만들고 교대로 물 안에서 버텨주는 방식을 통해 강을 건널 수 있다. 유기체 수준에서는 한 가지 목표를 향한 동물 의사소통과 신경계 분화의 영향을 받는다. 기계의 경우 무선 통신을 통해 나노 분자의 위치를 지정하여 형태를 만들거나 간단한 몸짓으로 집단행동을 명령한다. 나노 분자의 위치 제어에 들어가는 계산은 분자 수가 늘어날수록 기하급수적으로 증가하기 때문에 고도의 처리 능력이 필요하다.

피부 표면의 나노 분자 배열을 감지하는 것 외에도 나노 입자들은 사용자의 신체 전부를 덮는 층을 형성하기 위해 움직여야 한다. 2차원 층을 형성하는 능력을 구현하려면 방향을 바꿀 수 있는 전자석을 강력한 초소형 배터리에 연결하면 된다. 현실성 있는 방안 중 하나는 나노 로봇마다 쌍극자 상호 작용을 일으키는 강한 전자기력을 발생시키는 자체 동력원을 두는 것이다. 그러면 2차원 구조를 형성할 수 있다. 아이언맨의 장갑 부위에 두꺼운 층을 만들어 인접한 나노 로봇 사이에 가장 강력한 전자기력을 만들어 낸다면 복원력을 높일 수 있다. 같은 원리로 유연성이 필요한 관절 부위에는 약한 전자기력을 활용한다.

그렇다면 나노 기술을 활용해 형태를 바꾸는 능력도 현실로 옮길 수 있을까? 한 가지 방법이 있다. 수백만 개의 나노 로봇이 특정 동작에 반응해 구조를 형성하도록 미리 설정하는 것이다. 아이언맨이 평소보다 강한 주먹을 날려서 타노스의 주름진 턱에 찰과상을 내려 한다면 주먹을 망치로 바꾸어 더 큰 무게로 충격을 가해야 한다. 이는 아주 강한 적과의 교전에서 본능적으로 나오는 반응이기 때문에 스타크는 인공 지능 비서인 프라이데이와 거의 소통하지 않고 즉각적으로 행동한다. 마크L 슈트가 몇 가지 몸짓에 반응하도록 만들기 위해서는 다른 아이언맨 슈트에서 수천 시간의 누적된 데이터를 사용해 머신 러닝 알고리즘을 사용했을 것이다. 어느 정도 반복하고 나면 알고리즘은 토니가 특별히 강한 일격을 가할 때의 움직임을 인식하고 예측하여 원하는 무기를 척척 쥐여 줄 수 있다. 아마 인공 지능이 그의 움직임을 기억해 두었다가 나노 로봇에 망치 모양으로 변형하라는 명령을 내리는 원리일 것이다.

실생활에서의 과학

현실의 나노 로봇은 마블 시네마틱 유니버스에 묘사되는 모습과는 차이가 있다. 우리는 2차원 혹은 3차원 형태를 형성하는 가장 기본적인 형태의 자기 조립 로봇을 보유하고 있다. 사실 이 로봇의 크기는 SF에 등장하는 나노 로봇보다 훨씬 크다. 미국 하버드대학교의 마이클 루벤스타인Michael Rubinstein이 이끄는 연구팀은 다양한 2차원 형태를 형성하는 약 천여 개의 자율 로봇 군단 '킬로봇'을 선보였다. 1,024개의 작은 로봇은 근거리 상호 작용과 알고리즘을 통해 하나의 거대한 무리처럼 호흡을 맞추었다. 킬로봇 몸체의 4분의 1은 이동용 진동 모터, 그리고 근접한 킬로봇과 근거리 통신을 가능하게 하는 적외선 센서가 차지하고 있다. 루벤스타인의 팀이 설계한 알고리즘은 메시지 하나로 킬로봇 전원이 움직여 별 모양을 형성하는 것이었다 (킬로봇이 이 행동을 완료하는 데에는 12시간이 걸렸다).

소형 자기 조립 로봇뿐 아니라, 비행 드론에 집단행동 기능을 응용하여 유기체와 유사한 방식으로 협응성을 조절할 수도 있었다. 부다페스트 외트뵈시로란드대학교의 가보르 바샬헤이Gábor Vásárhelyi 박사가 이끄는 연구진은 30개의 드론을 새나 곤충과 비슷한 방식으로 집단행동하게 만드는 데 성공했다. 사전 프로그래밍을 통해 드론을 제어하는 방식과는 달리, 이 드론들은 각자의 비행을 다각도로 분석하여 근접 드론과 공유하고 이를 통해 궤도가 어그러지는 부분을 자체 수정할 수 있었다. 드론 무리에 영향을 주는 많은 변수를 고려하여 슈퍼컴퓨터를 이용한 15,000번의 모의실험을 거친 후 이러한 기능을 적용할 수 있었다. 마블 시네마틱 유니버스의 나노 로봇 기능과 똑같다고 할 수는 없지만 나노 로봇과 나노 기술의 원리를 잘 나타내는 좋은 예이다.

스파이더맨의 웹 슈터

★ 등장: 〈캡틴 아메리카: 시빌 워〉, 〈스파이더맨: 홈커밍〉,
　〈어벤져스: 인피니티 워〉
★ 대상: 스파이더맨(피터 파커)
★ 과학 개념: 생명 공학, 유전학, 합성 생물학

소개

거미는 여러 가지 방식으로 환경에 적응한 절지동물로, 현재 45,000종 가량이 존재하며 종마다 독특한 특성이 있어 다양한 환경에서 살 수 있다(사막, 정글, 침대 밑 등). 거미는 꽁무니에 있는 1~4쌍의 방적 돌기에서 실을 뽑아내는 독특한 능력으로 유명하다. 방적 돌기는 거미줄의 뼈대 줄과 끈끈한 줄, 먹이를 감싸는 고운 줄을 만든다. 거미줄의 성분은 단백질로 강철보다 강하고 고무보다 유연하다는 평가를 받는다. 그렇다면 이러한 거미줄을 사용해 맨해튼의 고층 건물 사이를 타고 날아다니는 일이 실제로 가능할까?

치명적인 방사능 거미에게 물린 피터 파커는 웹 슈터에 거미줄 용액이 든 캡슐을 넣어 거미줄을 쏘기 시작했다. 본인 주장에 따르면 집에 있는 잡동사니와 고등학교 실험실에서 얻을 수 있는 물질로 거미줄 용액을 만들었다고 한다. 스파이더맨은 웹 슈터로 튼튼한 거미줄을 쏘아대며 중력과 운동 에너지를 활용해 뉴욕 고층 빌딩 사이를 휘젓고 다닌다. 또한 진짜 거미처럼 거미줄로 범죄자를 포박하거나 움직임을 방해하는 식으로 경찰이 그들을 체포할 수 있도록 도와준다. 공기 중에 노출된 거미줄은 두 시간 안에 녹으며 흔적이 남지 않는다.

마블의 과학

스파이더맨이 처음 마블 시네마틱 유니버스에 등장했을 때로 돌아가 보자. 토니는 피터가 만든 거미줄 용액의 인장력을 극찬한다. 강력한 인장 강도, 가벼운 무게, 뛰어난 유연성의 합성 섬유를 발사하는 웹 슈터는 아주 유용한 무기이다. 하지만 아무리 피터가 천재라고 해도 고등학생이 혼자 힘으로 재료를 구해 거미줄 용액과 웹 슈터를 만들었다는 주장은 믿기 어렵다(피터의 말이 사실이라면 맨해튼을 휘젓고 다니는 십 대 소년이 한둘이 아니어야 한다). 스타크 인더스트리가 스파이더 아머 MK2와 아이언 스파이더를 만들기 위해 준비해둔 자원을 지원해주었다고 가정하면 웹 슈터의 수수께끼를 간단하게 설명할 수 있다.

거미줄을 합성할 수 있는 가장 현실적인 장소는 거미의 몸속이다. 원시 거미는 대략 4억 1,900만 년 전부터 거미줄을 뿜어냈으며 점차 더욱 다양한 목적으로 활용할 수 있도록 진화했다. 운이 좋게도 기나긴 진화 과정은 거미의 유전체에 전부 요약되어 있다. 우리는 다양한 거미줄을 만드는 단백질의 화학적 설계도를 유전체에서 찾을 수 있다. 여러 가지 종류의 거미가 거미줄을 뽑아낸다는 사실을 생각해 볼 때, MK2의 증강 현실 인터페이스가 최소 576가지의 거미줄 조합을 제공한다는 건 크게 놀라운 사실은 아니다.

이제 거미줄의 단백질 성분을 파헤쳐 보자. 거미줄의 단백질은 구조 단백질에 해당한다. 구조 단백질은 분자 수준에서 슈퍼 섬유에 기계적 성질을 불어넣는다. 대표적인 예시가 머리카락인데 이는 모낭 세포에서 생산하는 구조 단백질인 알파 케라틴으로 구성되어 있다. 알파 케라틴을 분자 수준에서 보면 나선 구조로 되어 있다. 여기서 알파 케라틴이 초나선 형태로 응집되면 머리카락이 된다. 거미줄의 경우 알파 케라틴 대신 스피드로인, 모낭 대신 방적돌기의 샘세포를 사용한다. 스피드로인은 거대한 단백질로, 상당수 모이면 인장 강도를 높이는 분자 간 힘이 발생한다. 알파 케라틴은 약 500개의 아미노산으로 이루어져 있고 스피드로인은 약 3,600개의 아미노산으로 구성되어 있다.

그렇다면 어떤 거미가 만드는 줄이 스파이더맨에게 가장 적합할까? 아마 스타크 연구소는 스파이더맨의 가슴에 있는 나선 모양 거미줄에서 영감을 떠올렸을 수도 있다. 나선형 거미줄의 주인은 호랑거미이며 이 거미들을 이용하면 체중을 지탱하며 빌딩 사이를 날아다닐 수 있을 만큼의 인장 강도를 얻을 수 있다(〈스파이더맨: 홈커밍〉에서 나왔던 것처럼 반으로 갈라지는 배를 잡고 버틸 수도 있다). 공중에 범죄자를 매달아 놓기 위해서는 호랑거미가 거미줄의 나선 부분에 사용하는 끈적끈적하고 낭창거리는 실이나, 먹이를 묶어서 저장하는 견고한 포도송이 모양의 실을 쓰는 것이 좋을 것이다. 거미는 상황에 따라 다양한 거미줄을 사용하지만 인간이 사용하는 경우에는 가장 강력한 거미줄 하나를 여러 가지 용도로 쓰는 것이 안전하다. 강력한 지지줄이 필요하다면 세상에서 가장 거대한 거미줄(2.7㎡)을 만든다고 알려진 다윈의 나무껍질거미를 연구하는 게 좋을 것이다.

실생활에서의 과학

현실에서 웹 슈터를 실현하려면 꽤 오랜 시간이 걸리겠지만 우리는 이미 다양한 거미줄을 만드는 유전자를 분석하고 다른 동물에게 이식하는 데 성공했다. 뿐만 아니라 향후 10년 안으로 이를 이용한 상품 판매가 가능할 수도 있다. 그러나 불행히도 적절한 스피드로인을 선별하고, 적절한 생물 공장을 엄선하며, 가장 실용적이고 현실성 있는 응용 분야를 찾기 위해서는 엄청난 시간과 학제간 접근이 필요하다.

1990년대와 2000년대 초반 스피드로인 유전자를 분리하고 서열을 파악한 이후, 꾸준히 거미줄의 유전적, 생물학적 특성을 이해하는 성과를 거두어 왔다. 예를 들어 1990년에는 낙하줄 하나의 서열 중 일부만 알 수 있었지만, 2017년에는 호랑거미의 유전체 전체 서열을 파악하고 28개의 서로 다른 스피드로인 유전자를 분류해 기계적 성질을 결정하는 394가지 종류의 거미줄 단백질 물성을 파악했다. 풍부한 정보와 염기 서열 분석 기술에 들어가는 비용이 감소하면서 과거라면 20년의 세월과 1조 2,000억 원이 필요했을 연구를 하룻밤 만에 120만 원 가량의 견적으로 해치울 수 있게 되었다.

당연한 소리지만 거미줄을 얻을 수 있는 가장 좋은 동물은 거미다. 하지만 거미는 몸집이 작아 많은 양의 거미줄을 얻기가 어렵고, 사회성과는 거리가 멀기 때문에 같은 공간에서 사육할 수도 없다(서로 잡아먹는다). 이 문제를 해결하기 위해 스피드로인 유전자를 다른 동물이나 농작물에 삽입하려는 시도를 해왔다. 이러한 접근법은 이미 사육에 최적화된 가축과 농작물을 통해 많은 양의 거미줄 단백질을 수확할 수 있다는 이점이 있다. 현재까지 거미줄 유전자를 박테리아, 담배, 감자, 누에, 염소에 이식하는 실험에 성공했다. 첫 번째 '거미 염소'는 캐나다의 넥시아 바이오테크놀로지스에서 만들었으며, 현재는 미국 유타주립대학교에서 연구를 이어받아 거미줄 단백질을 생산하는 염소 농장을 운영하고 있다. 비슷한 사례로 크레이그 바이오크래프트 연구소를 포함한 여러 회사가 이미 최적화된 양잠을 통해 상업적 가치가 있는 거미줄을 생산할 방법을 찾고 있다. 거미줄이 어느 정도 이상 모이면 수확한 다음 정제하고 말려서 직물로 사용할 수 있는 섬유로 만든다.

　스파이더맨이 되려는 것이 아니라면 이 거미줄을 어떤 목적으로 사용할 수 있을까? 거미줄은 생물 의학, 섬유 산업, 화장품 등 다양한 분야에서 응용 가능성을 보이고 있다. 암실크AMSilk는 거미줄의 단백질을 가루, 마이크로비드, 히드로젤 형태로 만들어 보습성과 통기성을 높이는 기능성 화장품을 생산한다. 화상 붕대나 삽입형 의료 장비를 코팅하는 저자극성 물질에 거미줄을 사용하자는 의견도 있다. 암실크와 스파이버Spiber Inc는 노스페이스 그리고 아디다스와 손잡고 거미줄 섬유를 신발과 파카에 사용하겠다고 홍보하고 있다. 거미줄을 이용해 빌딩 사이를 날아다니는 것은 여전히 어렵지만 몇 십 년 이내로 거미줄로 만든 옷을 입고 외출하는 것은 가능할지도 모른다!

팔콘의 레드윙

★ 등장: 〈앤트맨〉, 〈캡틴 아메리카: 시빌 워〉, 〈어벤져스:
    인피니티 워〉
★ 대상: 팔콘(샘 윌슨)
★ 과학 개념: 광학, 전파, 인공 지능, 홀로그래피

소개

전장에서 병력을 효율적으로 운용하려면 지형 정찰이
뒷받침되어야 한다. 정찰의 목적은 위험이 도사리고 있는
장소를 파악하고 아군이 적을 무력화하는 최선의 선택을
내릴 수 있도록 돕는 것이다. 역사에서 가장 먼저 등장한
정찰원은 기병이며 현재는 다양한 기술을 사용해 정찰 임
무를 수행하고 있다. 고해상도 다중 카메라, 위성, 드론 따
위를 정찰에 이용하면 한층 더 수준 높은 정보를 얻을 수
있다. 그중에서도 드론은 전장에서 적을 추적하거나 민간
인을 확인하는 다목적 정찰기로 활약하고 있다. 전장에서

최고의 효율을 발휘하려면 어떤 기술을 드론에 접목해야 할까? 실제로도 팔콘의 레드윙처럼 뛰어난 활약을 보여줄 수 있을까?

줄거리

팔콘으로 불리는 샘 윌슨은 전용 강화 외골격, 기관권총, 천부적인 비행 능력으로 무장하고 있다. 게다가 레드윙이라는 드론과 비행 고글을 사용해 전장을 폭넓게 감시하는 능력 또한 탁월하다. 〈캡틴 아메리카: 시빌 워〉에서 샘은 자신의 장비로 전염병 연구 센터 건물 벽 너머에 있는 무장 병력의 위치를 파악했다. 고글을 착용하면 장애물 너머를 투시할 수 있으며 아주 멀리 있거나 작은 물체도 잡아낼 수 있다. 어벤져스 본부 전체를 감시하면서 작아진 앤트맨을 추적하는 장면에서는 미시적인 물체도 포착할 만큼 성능이 좋은 장비라는 사실을 알 수 있다.

마블의 과학

〈캡틴 아메리카: 시빌 워〉에서는 잠입한 레드윙이 공중에 멈춰 벽 너머에 있는 럼로우의 위치를 찾아내는 장면이 등장한다. 레드윙이 무선 주파수와 고해상도 센서를 이용한다면 시야에 들어온 사람의 움직임, 신체 특징, 심박 수, 호흡 패턴을 확인하고, 찾고자 하는 목표(럼로우)의 생체 특징과 비교하여 정찰 임무를 수행할 수 있다. 먼저, 상황에 따라 다른 주파수를 사용해야 한다(예를 들어 와이파이의 파장은 76~127㎜이고 전파는 1㎜~100㎞이다). 레드윙의 안테나는 방출했다가 돌아오는 파장을 인식하여 현장의 3차원 영상을 만든다. 이는 홀로그램 생성 원리와 유사하다. 기준 안테나가 정지한 상태에서 돌아온 전파를 스캔하는 동안 한 쌍의 주사 안테나는 회전한다. 돌아오는 파동의 형태, 그리고 주사 안테나와 기준 안테나 사이의 간섭을 통해 다양한 물체의 겉면 상태와 거리에 대한 정보를 얻는 원리이다.

하지만 여기까지의 과정은 벽 너머에 있는 물체를 흐릿한 형태로 볼 수 있게 할 뿐이다. 받은 신호를 정제하는 방법 중 하나는 빛의 점 확산 함수PSF를 이용해서 재구성한 전파 주파수 홀로그램을 디콘볼루션(역필터링)하는 것이다. 레드윙이 모은 데이터를 벽 너머의 2차원 영상 조각으로 바꾸는 모습을 상상하면 점 확산 함수를 어떻게 적용하는지 개념화할 수 있다. 이미지가 한 치의 오차도 없이 전송된다면 실제로 모습과 완전히 똑같아 보이겠지만 이는 보통 우리가 사용하는 장비와는 다르다.

정보를 담고 있는 전파 주파수가 우리에게 돌아올 때 장비의 움직임 때문에 대상이 흐려지는 경우가 생긴다. 가시광선과 마찬가지로 장비에 대조, 채도, 선명도의 문제가 있다고 볼 수 있다. 장비와 수학, 그리고 광학을 통해 원인을 파악하면 최종 결과물에서 노이즈를 추출할 수 있다. 전파 홀로그램을 구성하는 2차원 이미지 층의 점 확산 함

신원 확인

걸음걸이와 목소리만 가지고도 럼로우를 찾아낼 수 있을까? 럼로우의 목소리 정보는 이미 쉴드의 데이터베이스에 저장되어 있기 때문에 음성 인식은 간단한 일이다. 무선 통신에서 주고받은 음성을 디지털화하고 럼로우의 음성 대역을 분석하면 끝난다. 분리한 럼로우의 목소리 대역을 '포먼트'라고 하는데 이는 성문을 이루는 기본 요소이다. 목표물의 걸음걸이와 평상시 움직임을 담은 동영상이 있다면 콘볼루션 신경망 훈련을 통해 현장에서 걸음걸이를 포착해내는 분류자를 생성할 수 있다. 콘볼루션 신경망은 이미지 내의 정보를 신경망으로 보내면서 반복 추출 대상이 되는 새로운 데이터의 층을 계속 만들어 낸다. 이러한 종류의 추출 방식을 '콘볼루션'이라고 한다.

수를 계산하면 눈으로 볼 수 없는 구역의 영상을 선명하게
얻을 수 있다.

실생활에서의 과학

레드윙이 가지고 있는 전술 능력은 모두 실현 가능성이
충분하다. 하지만 이 많은 기능을 비행 드론에 통합하는
것이 문제다. 가장 어려운 부분은 홀로그램을 만들어 디콘
볼루션하면서 요원을 찾기 위해 콘볼루션 데이터베이스로
보내는, 이 모든 일을 3층 건물을 수색하며 원격으로 수행
해야 한다는 점이다. 전자기 스펙트럼과 장파 주파수를 활
용해 움직임을 감지한다는 개념은 사실 응급 구조 요원이
사용하는 휴대용 레이더에 이미 도입되었다. 예를 들어 레
인지-R은 민간인을 찾아내거나 인질극에 대처하기 위해
벽을 투시하는 동작 감지기와 비슷한 부분이 있다.

최근 미국 메사추세츠 공과대학교의 디나 카타비Dina
Katabi 박사가 이끄는 연구진은 와이파이와 무선 주파수를
활용하여 벽 너머의 움직임을 탐지하고 형태를 식별하는
새로운 도구를 공개한 바 있다. 연구진은 와이파이와 두
개의 안테나로 지형지물(벽, 문, 의자)에 부딪히며 서로 상쇄
하는 파동을 만들어냈다. 움직이는 물체로부터 반사된 파

동을 분석하면 벽 너머에서도 움직임을 추적할 수 있었다. 또한 연구진은 걷는 사람의 영상을 분석해 걸어 다니면서 만들어지는 무선 주파수 반사의 연관성을 찾기 위해 신경 망을 사용했다. 신경망은 인간의 움직임을 간소화하여 인공 지능이 이를 뼈대의 형태로 바꿀 수 있게 해주었다. 사람이 벽 뒤로 걸어갈 때, 신경망이 만들어 낸 가상의 골격 역시 동작을 이어갔다. 이 연구는 응급 구조 활동 외에도 파킨슨병과 같은 다양한 병을 앓는 환자를 모니터링할 수 있을 뿐 아니라 다양한 분야에 응용할 수 있다. 신경망을 사용하면 시각 의존 없이 걸음걸이만으로도 사람을 식별할 수 있었는데 정확도는 무려 83%에 달했다.

독일의 프리드만 라인하르트Friedemann Reinhard 박사는 와이파이를 이용해 레드윙과 유사한 홀로그램 시스템을 만들었다. 연구진은 기준 안테나와 주사 안테나로 파동을 보내 상호 작용하는 모든 물체의 3차원 데이터를 제공하는 2차원 파형을 만들 수 있었다.

디콘볼루션은 아주 작은 미생물부터 멀리 떨어진 행성의 이미지를 해석하는 분야까지 폭넓게 사용된다. 가시광선의 특징을 활용하면 다양한 알고리즘을 적용하여 화면의 해상도를 높일 수 있다. 대부분의 경우 이미지의 노이즈를 제거하는 광학 장비나 다양한 이미지를 통해 학습한 신경망을 사용하는 방식을 사용하고 있다. 앞에서 설명했듯이 이러한 접근법은 사람의 걸음걸이를 다각도로 촬영한 영상에도 사용할 수 있다. 일본 오사카대학교의 노리카 타케무라Noriko Takemura가 이끄는 연구진은 콘볼루션 신경망으로 걸음걸이를 측정하는 기술을 범죄 수사의 신원 확인 과정에 이용했다.

제트팩

★ 등장: 〈가디언즈 오브 갤럭시 Vol. 2〉, 〈어벤져스: 인피
니티 워〉
★ 대상: 드랙스, 로켓, 가모라, 스타로드(피터 퀼)
★ 과학 개념: 터빈, 로켓 추진, 제트 추진

소개

화약이 발명되자 10세기 송나라와 13세기 몽골 침략에
서 폭발물과 발사 무기가 등장한다. 로켓에 대한 군사 목
적의 연구는 계속되었고, 1918년부터는 액체 추진체를 로
켓의 연료로 사용하기 시작한다. 액체 로켓의 탄생은 유
인 우주 비행에 대한 가능성을 열어 주었으며, 1920년대
만화책에 상상의 장치인 제트팩이 등장하기도 한다. 로켓
의 발달과 제트팩이라는 가상의 장치에 감명을 받은 아마
추어 기술자들은 최초의 로켓 벨트와 터빈 제트팩을 만들
어 냈다. 로켓이 중력에 저항하는 힘의 원천은 무엇일까?

〈가디언즈 오브 갤럭시 Vol. 2〉의 제트팩을 실제로 만들 어낼 수 있을까?

〈가디언즈 오브 갤럭시 Vol. 2〉의 시작부에서 스타로드 일행은 괴물 아빌리스크와 전투를 벌인다. (유두가 민감한)드 랙스를 제외한 나머지 인원은 치명적인 촉수와 이빨을 피 하기 위해 제트팩을 착용했다. 이 제트팩은 작은 원반의 형태인데 착용하면 사용자의 몸에 맞는 조끼 형태로 변하 며 로켓의 추진력을 제어해 착용자가 비행할 수 있도록 해 준다. 제트팩을 입으면 몸의 작은 움직임만으로 비행경로 를 조절하며 6자유도 운동을 할 수 있다. 욘두가 퀼을 살 리기 위해 에고의 행성에서 우주로 탈출할 때 사용했던 장 비도 제트팩이었다.

〈가디언즈 오브 갤럭시 Vol. 2〉에서 제트팩은 몸에 딱 달 라붙는 조끼에 두 개의 로켓 추진기를 결합한 모습인데, 사용자가 가고 싶은 방향으로 추진력을 제공하면서 균형 을 잡아준다. 조끼의 내장 컴퓨터와 센서는 피치, 요, 롤을 실시간으로 계산하며 사용자의 움직임에 맞춰서 로켓 추진기를 제어한다. 에고의 기압을 이기고 탈출한 장면을 봐서는 가연성 연료를 휴대하는 것으로 보인다.

로켓 추진에서 연소 반응을 일으키려면 산화제와 연료가 필요하다. 연료와 산화제는 효율성을 높이기 위해 과냉각 상태로 최대한 부피를 줄여서 제트팩 내에 보관한다. 연소실에서 산화제와 연료를 합성하면 연소가 일어나고, 축소 확대 노즐을 통해 가스를 배출한다. 연소실에서 만난 산화제와 연료는 화학 반응을 일으켜 고압을 생성하고 압력은 '목'이라고 부르는 작은 통로를 지나 노즐을 거쳐 밖으로 나간다. 노즐 내에서는 압력이 낮아지지만 연소실과 목에서 빠져나오는 기체의 속도는 훨씬 빠르다. 위의 과정을 통해 연소가 일어나면 방출하는 가스의 반대 방향으로 추진력이 발생한다. 작용이 있으면 같은 세기의 반작용도 있다는 뉴턴의 제 3법칙이 잘 드러나는 장비다.

로켓 엔진은 무슨 수로 착용자의 움직임을 읽고 비행경로를 조절하는 걸까? 아마 사용자의 움직임을 기록하고 두 개의 추진기 각도를 조절하는 강력한 내장 컴퓨터가 여러 개의 센서와 연결되어 있을 가능성이 크다. 제트팩의 센서 체계는 착용자의 각속도를 측정하는 복합 회전 센서와 수평계 역할을 하는 기울기 센서를 반드시 포함해야 한다. 이를 만족하기 위해서는 아주 작은 장비 체계인 미세 전자 기계 시스템MEMS이 안성맞춤일 것이다. 제트팩의 모든 면에 이를 배치하면 서로 다른 축에서 다양한 각속도를 탐지할 수 있다. 미세 전자 기계 시스템은 압전 결정이나 세라믹같이 작은 물질을 전류가 흐르는 스프링에 장착하여 진동을 일으키는 원리이다. 진동하는 물체는 하우징 내 고정 플레이트와 상호 작용하는 방식에 따라 각속도 정보를 내장 컴퓨터로 전달한다. 반면 기울기 센서는 작은 반구형의 용기 속에 넣어둔 전해액과 여러 개의 전극으로 작동한다. 전해액이 중력에 따라 쏠리면서 전극마다 전해액에 잠기는 높이가 달라지는 것을 이용해 기울기를 측정하는 원리다. 제트팩에 부착된 센서들은 내장 컴퓨터에서 처리할 수 있도록 착용자의 움직임을 복합적인 정보로 바꾸어 실시간으로 전달해 로켓 추진기의 방향을 바꾼다. 미세 전자 기계 시스템은 중력 대신 기울기 센서에 의존하기 때문에 이와 가연성 로켓 연료를 이용하면 제트팩이 우주에서도 제 기능을 발휘할 수 있다.

사실 제트팩의 발명은 꽤 오래된 일이다. 천재 라쿤이 만들지는 않았지만 날이 갈수록 성능이 나아지고 있다. 첫 번째 제트팩은 1919년 러시아 발명가 알렉산드르 표도로비치 안드레예프Aleksandr Fyodorovich Andreyev의 손에서 탄생했다. 제트팩의 원형이라고 할 수 있는데 메탄과 산소 로켓을 추진체로 삼았고 날개 길이는 2m에 달했다. 1958년, 티오콜 화학은 질소 탱크를 이용해 사용자의 점프력을 높이는 점프 벨트를 판매했다. 1960년에는 벨 연구소에서 정제 과산화수소H_2O_2와 은 촉매를 통해 과열 증기와 산소를 만드는 제트팩을 설계했다($2H_2O_2 \rightarrow O_2 + H_2O$). 이 방식의 가장 큰 단점은 연료 소비 속도가 무척 빨라서 비행시간이 약 30초에 불과했다는 것이다.

정제 과산화수소를 이용한 추진에 많은 제약이 있다는 사실이 알려지면서, 연구진은 일반적인 등유를 연료를 사용하는 터보 제트 엔진으로 눈을 돌렸다. 이는 이후 미국 고등 연구 계획국DARPA의 연구비 지원을 받아 벨 에어로시스템스에서 WR19를 발명하는 성과로 이어진다. 추진체로 가스 터빈을 사용했으며, 무게는 31kg에 불과했으나 최대 1,900N의 힘을 낼 수 있었다. WR19는 1969년 시행한 시험 비행에서 최대 고도 7m, 시속 45㎞로 비행했으며 비행 시간은 5분이었다. 기존의 제트팩과는 다르게 WR19의 가스 터빈은 비행기의 제트 엔진처럼 작동하면서 프로펠러 터빈을 이용해 공기 흐름을 두 갈래로 모았다. 첫 번째 공기 흐름은 작은 팬에 의해 압축되어 연소실로 들어가 연료와 섞이면서 연소 반응을 일으킨다. 배기가스는 유입 프로펠러와 연결된 또 다른 프로펠러를 통해 터빈을 빠져나가면서 잔여 에너지가 공기가 흐르는 속도를 높이도록 유도한다. 두 번째 공기 흐름은 엔진 주변을 흐르면서 배기 온도를 낮춘다.

스타로드 일행이 사용하는 제트팩과 가장 비슷한 물건은 나사의 SAFER*Simplified Aid For EVA Rescue이다. SAFER는 비상 제트 추진 체계로, 우주 비행사가 우주 유영을 하는 중 우주선과의 연결선에 이상이 생겼을 때 사용하는 도구이다.

---

* 우주 승무원이 우주 유영(EVA)을 수행하던 중 연결이 끊어졌을 때 사용하도록 설계된 구조 체계.

인간이 발명한 제트팩의 대부분은 앞에서 설명한 다양한 센서가 부착되어 있지만 로켓이 개발한 제트팩의 민감도는 따라갈 수가 없다. 센서를 활용해 아무리 미세하게 조종한다고 해도 단 하나의 면으로만 움직일 수 있기 때문이다. 사용자의 균형을 감지할 수는 있지만 앞뒤 좌우 방향으로만 움직일 수 있는 세그웨이를 생각해보라. 가슴 근육군의 전위를 측정하면 사람의 움직임을 예측할 수 있지만 이 모든 정보를 읽는 기능을 센서와 터빈 엔진에 넣고 로켓의 제트팩 같은 장비를 만든다는 것은 무리이다.

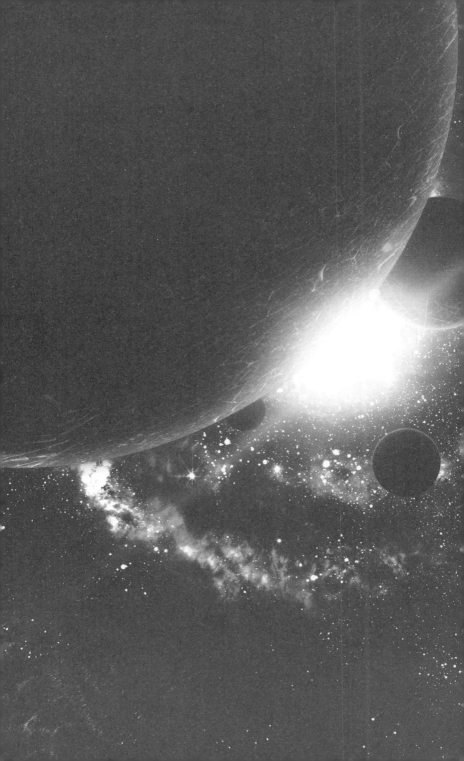

6장

가치없는 맹공

헐크의 충격파

★ 등장: 〈인크레더블 헐크〉
★ 대상: 헐크(브루스 배너)
★ 과학 개념: 물리학, 생체 역학, 음향학

소개

고막은 특정 지점에서 전달되는 압축된 공기의 떨림을 감지하여 소리를 듣는다. 압축된 공기의 진동은 파동과도 같으므로 진동수와 진폭의 개념으로 소리의 원리를 이해할 수 있다. 음파의 진폭은 소리의 크기, 음파의 진동수는 소리의 높이에 해당한다. 소리의 물리학은 청각의 범위와 한계를 결정한다. 다시 말해 핀이 바닥에 떨어지는 소리와 대포에서 포탄을 발사하는 소리가 다르게 느껴지는 이유를 물리학으로 풀어낼 수 있다는 뜻이다. 그렇다면 소리를 무기로 쓰는 것도 가능하다는 이야기인데, 특정 충격에서 발생한 소리를 통해 파괴력을 계산하는 것이 가능할까?

줄거리

〈인크레더블 헐크〉에서 할렘의 거리와 건물 옥상에서 어보미네이션과 헐크가 마지막 대결을 펼치는 장면을 살펴보자. 서로를 발견하고 매섭게 달려들어 부딪히자 엄청난 충격파가 발생해 주변에 있던 모든 차의 도난 경보음이 울린다. 군 헬기에 탑승한 테디어스 로스 장군과 엘리자베스 로스 박사는 헐크를 돕기 위해 어보미네이션에게 지원 사격을 퍼붓는다. 화가 난 어보미네이션은 그들이 타고 있는 헬기를 한 건물 옥상에 떨어뜨리고 그 과정에서 파손된 연료통에서 기름이 흘러나와 불이 붙는다. 헐크는 로스 부녀를 살리기 위해 온몸의 힘을 끌어 모아 손뼉을 치고, 그로 인해 공기를 밀어내 헬기에 붙은 불을 끈다. 여기서 불을 꺼뜨린 힘은 무엇일까?

마블의 과학

헐크는 손바닥을 부딪혀서 자신이 낼 수 있는 가장 큰 소리를 만들었다. 손바닥이 서로 부딪히는 순간, 살갗 사이에 있는 공기가 압축되면서 귀를 찢는 듯한 소리가 발생한다.

실제로 헐크처럼 손뼉을 칠 수 있다면 1초 뒤에는 343m 떨어진 곳에서도 그 소리를 들을 수 있을 것이다.

헐크가 손뼉을 치는 순간을 살펴보자. 그는 가슴과 팔의 근육을 이용해 팔을 당겨오는데, 손바닥이 부딪힐 때는 최소 초속 171.5m, 다시 말해 음속의 절반 정도로 가속한다. 바로 이 순간 헐크는 소리의 속도보다 빠르게 공기를 압축시킨다. 공기가 음속보다 빠르게 움직이면 파면이 뒤로 밀리면서 음속 장벽이 나타난다. 이렇게 소닉붐이 발생하면 약 10m 떨어진 헬리콥터에도 충격파가 도달한다. 충격파는 진행하면서 속도가 느려지고 평범한 음파로 돌아간다. 소닉붐은 헬기를 통과할 때 뒤쪽에 부압을 생성하면서 주변 공기를 빨아들이는데 그 영향으로 돌풍이 일어나 헬기에 붙은 불이 꺼지는 것이다.

실생활에서의 과학

소리의 살상력은 어느 정도일까? 헬기 안에 있던 로스는 피해가 덜할지 몰라도 소닉붐의 영향권 안에 있던 사람들은 고막이 파열되고 청력을 잃게 된다. 사실 청각 무기는 많은 군중을 제어하는 비살상 무기로써 활용되어 왔다. HPV 테크놀로지는 평면 스피커를 활용해 1.6㎞ 밖까지 소리 빔을 쏘아 범위 안의 사람들에게 심한 불쾌감을 유발하는 장치를 개발했다. 비슷한 원리로 이스라엘군은 목표의 내이 기능을 교란하고 메스꺼움과 어지러움을 느끼게 만드는 '스크림'이라는 이름의 소닉 블래스터를 개발했다. 청각 무기는 거리를 배회하거나 반달리즘*을 저지르는 십대들을 저지할 때도 쓰인다. 13세~25세 사이만 들을 수 있는 17㎑의 소리를 만들어 내는 '모스키토'가 좋은 예이다.

이러한 기술은 보통 특별히 고안한 스피커로 작동하며, 진동수와 진폭을 높여 음파의 에너지와 강도를 크게 높이는 원리를 사용한다. 일반적인 스피커는 원형 자석을 사용한다. 바깥쪽의 자석과 안쪽의 코일은 서로 반대극을 하고 있으며 내부에는 자석과 코일을 이어주는 구리선이 코일에 감겨 있다. 구리선을 통해 전류가 흐르면 자석과 코일 사이에 인력과 척력이 발생하고, 이로 말미암아 코일이 들썩이면서 유연한 재질의 플라스틱판을 움직인다. 플라스틱판이 움직일 때마다 특정 진동수와 진폭으로 공기를 압축해 이어폰, 스피커, 휴대폰을 통해 그 소리를 들을 수 있다.

---

* 문화나 예술을 파괴하려는 경향. 455년경 유럽의 민족 대이동 시기에 반달 족이 로마를 점령하여 약탈과 파괴를 일삼은 데서 유래했다.

그렇다면 지구상에 손뼉으로 음속 장벽을 넘을 수 있는 생물은 없는 걸까? 사실 열대와 온대 바다에서 서식하는 한 작은 갑각류에 비교하면 헐크는 귀여운 수준이다. 5㎝까지 자라는 딱총새웃과의 딱총새우는 한쪽 집게가 다른 쪽 집게보다 월등히 크다. 이 거대한 집게에는 강력한 충격을 만들어내는 가동지가 있다. 열었던 집게를 아주 빠르게 닫으면서 저압의 제트 기류를 생성해 주변을 둘러싼 물에서 기체를 끌어와 폭발하는 뜨거운 기포를 만들어낸다. 공동 기포는 수압을 받아 온도가 오르면서 붕괴하는데 이때의 온도는 약 4,000℃에 달한다. (물의 끓는점은 100℃이다.) 딱총새우는 죽음의 방울을 보내서 먹이를 기절시킨 후 잡아먹는다. 공정하게 평가하려면 소리가 공기보다 물에서 더 빠르게 이동한다는 사실을 고려해야 한다. 지상에서 음속이 초속 343m라면, 같은 온도라고 가정했을 때 물에서의 음속은 초속 1,498m이다. 온도가 높은 열대 바다의 경우 소리가 육지보다 빠르게 진행하므로 딱총새우는 기포 탄환을 쏘아 음속 장벽을 깨는데 필요한 문턱 에너지가 더 낮다.

토르의 번개

★ 등장: 〈토르: 천둥의 신〉, 〈어벤져스〉, 〈토르: 다크 월
   드〉, 〈어벤져스: 에이지 오브 울트론〉, 〈토르: 라
   그나로크〉, 〈어벤져스: 인피니티 워〉
★ 대상: 토르
★ 과학 개념: 정전 방전, 기상학, 전기, 레이저

소개

　겨울철에 무심코 누군가를 콕 찔렀다가 정전기로 그를
놀라게 한 적이 있다면 사람이 몸에 전기를 저장했다가 방
출한다는 사실을 알고 있을 것이다. 근본적인 원리는 음전
하를 띤 물체에서 양전하를 띤 물체로 흐르는 전자와 관계
있다. 이는 콘센트와 플러그 사이에서 발생하는 스파크에
서도 볼 수 있고 구름이나 뇌우에서 대규모 전기 방전이
일어날 수도 있다. 천둥과 번개가 발생하는 이유는 무엇일
까? 사람이 번개에 맞으면 어떻게 될까? 토르처럼 천둥 번
개를 마음대로 부리는 것이 가능한 일일까?

토르는 신비한 망치 묠니르를 통해 자연의 가장 강력한 힘인 번개를 자유자재로 다뤘다. 하지만 오딘에 의해 봉인되었던 누나 헬라가 나타나 묠니르를 부숴버리자 번개를 다루는 다른 방법을 익혀야 하는 상황에 놓였다. 이후 사카르의 검투장에서 묠니르도 없이 헐크에게 일방적으로 얻어맞은 다음, 내면에서 번개를 제어하는 힘을 발견하고 천둥의 신이라는 칭호를 되찾는다.

마블의 과학

번개를 내리칠 때 토르는 꽤 효과적인 방법으로 에너지를 방출하고 있다. 토르의 위로 구름이 모이면서 과냉각된 물방울과 작은 빙결정이 상승하고 이는 구름 덩어리 중심에 있는 싸라기눈과 충돌한다. 서로 부딪히면서 전자를 주고받으면 위쪽에는 양전하를 띤 영역이, 구름 중간부에는 음전하를 띤 영역이 생겨난다. 구름을 이루는 먼지, 공기, 얼음덩어리는 완벽한 절연체 역할을 하므로 전기를 방출하려면 엄청난 에너지가 필요하다. 구름이 더 이상 방출을 억누를 수 없는 지점에 도달하면 전자는 번개의 형태로 방출된다(이를 '유전 강도'라고 한다). 토르가 아스가르드 출신이라는 사실을 고려해 볼 때, 아주 먼 곳에서 폭발하는 별의 우주 방사선을 제어해 번개를 내리칠 수 있도록 전도 경로를 열어준다고 추측할 수도 있다.

번개를 만들어내는 전기 방전은 구름 안이나 구름과 구름 사이에서 더 자주 발생한다. 하지만 토르는 구름으로부터 12~21㎞ 아래에 서 있기 때문에 묠니르를 피뢰침 삼아 선도 낙뢰가 양전하를 띤 지면에 떨어지도록 유도한다. 선도 낙뢰가 지면 근처로 향하면 양전하를 띤 묠니르와 토르 주변에서는 귀환 낙뢰가 발생하고 이는 곧 약 46m 떨어진 지점까지 상승해 선도 낙뢰와 이어진다. 두 낙뢰가 만나는 순간, 구름의 음전하와 지면의 양전하 사이에 길이 열리며 천억 볼트의 전류가 흐르고 번개가 친다. 번개는 주변 기온을 30,000~50,000℃까지 높이며 공기를 팽창시키고 이온화한다. 공기가 이온화되면 오존이 발생하면서 상쾌한 냄새가 퍼지고, 공기가 팽창하면서 토르를 중심의 반경 10m 정도에 충격파를 발생시키며 초속 343m를 진행하는 천둥을 만들어 낸다. 구름의 종류에 따라 다르지만 토르는 최대 160㎞ 높이에서 번개를 떨어뜨릴 수 있을 것이다.

망치 없는 토르

토르에게서 묠니르를 뺏어 가면 무슨 일이 일어날까? 묠니르는 토르가 번개의 힘을 이끌어낼 수 있도록 돕기 위해 제작한 무기이다. 그러나 〈토르: 라그나로크〉에서 토르는 맨몸으로 전기를 만들어 방출하는 방법을 터득했다. 이는 토르가 내뿜는 전기가 너무 강해서 공기의 절연 내력인 3kV/㎜를 뚫을 수 있다는 뜻이다! 덕분에 토르는 엄청난 전류를 난사하여 양전하를 띤 여러 명의 적을 동시에 공격할 수 있다. 〈토르: 라그나로크〉의 후반부 비프로스트 전투 장면을 보면 금속 갑옷과 검을 든 헬라의 버서커들에게 연쇄 전격을 내리치는 모습을 볼 수 있다.

실생활에서의 과학

그렇다면 뇌우가 내리치는 날 밖에서 망치를 든 채 번개에 맞을 때까지 기다리면 어떤 일이 일어날까? 불행히도 인간은 아스가르드인처럼 번개를 견뎌낼 수 없다. 번개에 맞으면 10% 확률로 목숨을 잃는다. (미국에서는 매년 약 50명이 번개에 맞아 사망한다.) 번개에 맞으면 찰나의 순간에 번개가 몸속을 지나가는데, 이때 지나간 자리에 3도 화상을 남긴다. 번개의 고온은 혈관 파열을 유발하며 조직을 따라 리히텐베르크 도형 모양의 흉터가 남는 경우도 있다. 보통 번개의 방전 경로를 따라 피부 겉면에 양치식물같은 무늬가 나타난다. 번개는 피부 손상 외에도 심장, 폐, 뇌의 기능을 방해할 수 있다. 번개에 맞아 죽은 사람의 사인을 조사해보면 대부분이 심장 마비나 호흡 부전이며, 감정 기복에서 발작까지 다양한 신경 장애를 유발하기도 한다. 번개의 충격파는 입고 있던 옷이 찢어질 정도로 강력하며, 고막을 터뜨릴 뿐 아니라 몸을 날려버리면서 낙상(골절, 내출혈 등)을 유발한다. 당연한 이야기지만 번개에 맞은 사람은 토르처럼 멀쩡한 상태를 유지할 수 없다.

번개를 인위적으로 만들어 낼 수 있을까? 놀랍게도 우리는 위험한 기상 상태를 바꾸거나 적국에 피해를 주기 위해 날씨를 제어하는 장비 개발에 성공했다. 미국립해양대기국은 사이클론으로 입는 피해를 최소화하기 위해 폭풍의 규모가 커지기 전에 레이저를 쏴서 번개를 방출시키자는 제안을 내놓았다. 실제로 이 기술은 레이저 빔을 사용해서 이온화된 공기의 통로를 만들 수 있다. 고에너지 펄스는 전자를 밀어내 플라스마 흐름을 만들고 양전하를 띤 공기로 이루어진 직선의 통로를 생성한다. 고에너지 펄스가 만드는 통로는 번개나 고전압원의 에너지 방출을 유도하는 미끼 역할을 한다. 프랑스와 독일의 합동 연구 기관인 테라모바일의 연구진은 짧은 레이저 펄스를 뉴멕시코의 랑뮈르 대기연구소 위에 뜬 번개 구름에 쏘아 실험했다. 연구진은 기동성 레이저 장치를 이용해 시차를 둔 레이저 펄스로 전기 방출을 시작하고 기록할 수 있었다.

또 다른 접근법으로는 구리선 필라멘트에 연결한 로켓을 번개 구름으로 쏘아 보내는 것이 있다. 플로리다대학교의 연구진은 로켓을 날려 선도 낙뢰가 필라멘트를 통해 전기를 전도하도록 유도해 전선을 폭발시켰고, 여기서 만들어진 이온화된 공기는 남은 번개를 끌어당겼다. 비슷한 방식으로 미군은 레이저로 번개를 유도하는 무기인 레이저 유도 플라스마 채널LIPC을 개발했다. 이 무기는 고전압원의 전류 방출 방향을 유도하는 경로를 지정할 수 있다. 레이저 유도 플라스마 채널은 보병이나 차량에 해가 될 수 있는 불발탄을 제거하고 적군 차량을 무력화하는 용도로 사용할 수 있다는 점에서 충분히 가치있다.

블랙 위도우의
위도우 바이트

★ 등장: 〈아이언맨 2〉, 〈어벤져스〉, 〈캡틴 아메리카: 윈터 솔져〉, 〈어벤져스: 에이지 오브 울트론〉, 〈캡틴 아메리카: 시빌 워〉, 〈어벤져스: 인피니티 워〉

★ 대상: 블랙 위도우(나타샤 로마노프)

★ 과학 개념: 전기 용량, 테이저

소개

우리는 전기를 사용해서 다양한 전압의 기계를 가동한다. 미국의 거의 모든 전자 제품은 120V지만, 전기레인지처럼 전기를 많이 쓰는 제품 중에는 240V짜리도 있다. 같은 맥락으로 일반적인 플러그는 15A지만 필요한 전력량에 따라 조금씩 다르다. 그렇다면 배터리에 저장할 수 있는 가장 높은 전압은 얼마일까? 효과적인 테이저 건을 만들려면 어떻게 해야 할까? 테이저 무기에 당하면 몸에 무슨 일이 일어날까?

블랙 위도우는 모든 무기에 능숙한 베테랑 전투원이다. 선택의 자유가 있는 상황에서는 다수의 적을 상대로 위도우 스팅, 배턴, 디스크 슈터를 즐겨 사용하는 모습을 볼 수 있다. 위의 무기는 전기로 적을 기절시키는 기능이 있는데 보통 '위도우 바이트'라는 이름으로 부른다. 〈아이언맨 2〉에서는 전기 디스크를 사용해 해머의 경호원들을 처치했다. 〈캡틴 아메리카: 윈터 솔져〉 중 레뮤리아 스타의 인질 구출 작전에서는 무장 경비에게 관절기를 거는 동시에 위도우 스팅을 사용해 적을 무력화시키는 모습을 볼 수 있다. 마지막으로 두 개의 배턴과 전기 충격 슈트는 울트론의 아이언 리전, 타노스의 블랙 오더, 아웃라이더 군대를 상대할 때 유용하게 쓰였다.

마블의 과학

나타샤의 테이저 무기는 적에게 전기를 뿜어 그를 전투 불능 상태로 만든다. 전기 충격은 인체에 어떤 영향을 줄까? 물론 번개에 맞으면 죽겠지만(6장 토르의 번개 참조) 위도우 바이트는 비살상 목적으로 활용할 수 있게끔 위력을 조정한 무기이다(울트론과 아웃라이더를 상대로는 사용하지 않았지만).

위도우 스팅에서 발사된 다트가 적의 목에 박히면 펄스가 흘러나오면서 전신의 근육이 경직된다. 감전됐을 때 몸이 말을 듣지 않는 이유는 신경계가 근육에 명령을 내리는 과정에 전류를 사용하기 때문이다. 팔을 굽힐 때는 뇌가 팔의 근피신경에 전류를 보내 이두근을 수축하게 만든다. 그런데 블랙 위도우의 무기에 맞아 전기 충격을 받으면 전류가 몸을 타고 흐르면서 여러 뉴런을 발화시키고, 이로 말미암아 전신의 근육이 동시에 수축하여 몸을 마음대로 움직일 수 없게 된다.

블랙 위도우의 무기는 상대방이 닫힌 회로의 일부가 되어 전자가 흐를 수 있는 한 계속해서 전기 충격을 가할 수 있다. 주먹을 날리면서 팔찌의 두 전극이 상대의 몸에 접촉하면 고압 전류가 흐르는 회로가 완성된다. 무기의 위력은 세 가지 요인, 전류, 전압, 저항에 따라 달라진다. 전류는 전극 사이를 이동하는 전자의 흐름이며 전압은 전극을 이동하는 전자 간의 전위 차이다. 회로의 저항은 전극을 통과할 수 있는 전류의 양을 결정하며 R=V/C라는 옴의 법칙으로 표현할 수 있다. 블랙 위도우의 경우 상대에 따라 세 가지 요인이 크게 달라진다. 예를 들어 〈캡틴 아메리카: 시빌 워〉에서 크로스본즈에게 전기 충격을 가하려 했으나 전신의 흉터와 입고 있던 갑옷 때문에 감전되지 않았다. 이러한 불상사를 피하려면 전압을 높여서 저항을 줄이는 식으로 효과적인 전기 충격을 가해야 한다. 또한 나타샤는 늘 접근전을 치르기 때문에 자신 역시 감전되지 않도록 예방해야 한다. 늘 입는 검정 슈트는 아마 절연체로 만들어졌을 것이다.

위도우 스팅을 자유롭게 사용하려면 전원 공급이 필요하다. 〈어벤져스: 에이지 오브 울트론〉에서 블랙 위도우는 늘 입던 검은색 슈트 대신 전기를 저장할 수 있는 파란색 줄무늬 슈트를 입었다(소코비아 전투에서 스트러커의 병력을 처리할 때). 전기 기반 무기를 마음껏 사용하기 위해 슈트를 스마트 섬유로 절연하는 방식을 선택하면 슈트를 축전기로 사용할 수 있다. 축전기는 양극과 음극 사이에 전기장을 생성하여 일시적으로 전하를 저장한다. 양극과 음극으로 작용할 수 있는 나노 물질을 절연 섬유에 나누어 넣으면 슈트에 전기를 저장할 수 있다.

실생활에서의 과학

나타샤의 위도우 바이트에 적용된 기술은 주변에서도 쉽게 관찰할 수 있다. 위도우 스팅은 테이저 건과 원리가 비슷하며 스마트 섬유에 대한 최신 연구와도 유사점이 있다. 테이저 건은 보통 민간인이나 사법 당국이 사용하는 장비이다. 위도우 스팅처럼 최대 50,000V의 전압을 발생시켜 낮은 전류를 흘려보내는 식으로 상대를 무력화하지만 전극을 가스로 쏘아 보낸다는 점이 다르다. 고전압 전류를 사용하는 이유는 옷의 저항 때문에 전류 손실이 일어나기 때문이다. 낮은 전류를 사용하는 이유는 범죄자를 크게 다치게 하지 않는 방법으로 진압하기 위해서이다.

일반적인 테이저 건은 9V 배터리와 축전기를 사용해 50,000V의 전압을 만들어 낸다. 축전기는 유전 절연체로 분리된 두 개의 전기 전도 플레이트 사이에서 오가는 전자의 흐름을 유지하면서 전하를 형성한다. 축전기는 한 플레이트에서 전하를 얻어 두 플레이트 사이에 전기장을 생성하고 회로에 연결된 다른 플레이트에서 전하를 잃는 식으로 전하를 모은다. 고전압 축전기는 플레이트의 표면적을 넓히고, 플레이트 사이 간격을 좁히고, 절연체의 유전율을 높이는 방식으로 더 많은 전하를 저장한다.

스턴 배턴

블랙 위도우의 스턴 배턴은 농업과 가축업에서 쓰는 전기 배턴과 유사한 면이 있다. 전기 배턴의 전기 충격은 테이저 건과는 다르다. 테이저 건과의 전압 차이는 적지만 전류가 높아 더 큰 충격을 주어 대상을 이동시킬 때 사용한다. 위도우 바이트의 경우 사용 목적에 따라 전압과 전류량을 조절하는 것이 특히 중요하다. 높은 전압에 낮은 전류는 목표를 기절시키는 용도로, 낮은 전압에 높은 전류는 심문 목적으로 활용할 수 있다.

스마트 섬유 연구는 흥미로운 기능성 의류의 미래를 제시한다. 시마 셰이크 고등 기술 연구소와 미국 드렉셀대학교의 유리 고고치Yury Gogotsi 박사가 진행한 합동 연구에서는 블랙 위도우가 입은 파란색 줄무늬 슈트의 프로토타입을 다양한 형태로 생산하고 있다. 주목할 만한 점은 옷에 장착할 수 있는 웨어러블 슈퍼축전기에 들어갈 실 전극을 개발하고 있다는 부분이다. 실 전극은 카바이드 유래 탄소CDC, 다시 말해 전기 음성도가 낮은 원소에 결합하는 탄소 원자로 만든다. 이들을 합성해 성능 좋은 축전기를 만드는

다공성 및 비다공성 구조를 이룬다. 섬유 축전기를 만들기 위해서는 스크린 인쇄 과정을 거쳐서 카바이드 유래 탄소나 전도성 탄소 가루가 실에 스며들도록 해야 한다. 탄소 강화 섬유는 전기를 전달하는 전도성이지만 카바이드 유래 탄소 전극은 고체 전해질로 분리되어 있다. 완성품은 옷 위에 붙은 작은 패치처럼 보이며 사실 50,000V의 전기를 발생시킬 정도로 정전 용량을 키우기는 어렵다. 아마 파란색 LED 줄무늬를 반짝거리게 만들 수는 있을 것이다.

가모라의 검, 갓슬레이어

★ 등장: 〈가디언즈 오브 갤럭시〉, 〈가디언즈 오브 갤럭시
　　Vol. 2〉, 〈어벤져스: 인피니티 워〉
★ 대상: 가모라
★ 과학 개념: 물리학, 나노 기술, 금속학

소개

지금 이 페이지를 찢은 다음 공 모양으로 뭉쳐서 검지로 튕긴다고 생각해보자. 검지는 종이 뭉치를 튕기기 전과 달라진 게 없다. 하지만 똑같은 손가락으로 페이지 가장자리를 빠르게 스치면서 내려간다면 어떨까? 종이에 베이면서 상처를 입게 될 것이다. 무언가를 벨 때 적용되는 물리학은 무엇일까? 우리는 면도칼부터 시작해서 치즈나 적의 머리를 완벽하게 잘라내는 칼에 이르기까지 목적에 맞는 도구와 무기를 만들었다. 이제 우주에서 가장 예리한 검, 갓슬레이어를 만드는 방법을 배워보자.

〈가디언즈 오브 갤럭시〉에 등장하는 주인공들은 각자 자신만의 무기를 가지고 있다. 그루트는 늘어나는 덩굴, 스타로드는 쿼드 블래스터, 드랙스는 쌍 단검, 가모라는 갓슬레이어를 사용한다. 갓슬레이어는 접을 수 있는 양날 검으로, 칼자루에는 근접전이나 투척시에 사용할 수 있는 단검이 숨겨져 있다. 가모라는 갓슬레이어를 사용해 손쉽게 그루트의 두 팔을 자르고 배에 검을 박아 넣은 적이 있다. 〈가디언즈 오브 갤럭시 Vol. 2〉에서 아빌리스크의 숨을 끊을 때 사용했던 검도 갓슬레이어이다. 이 무기는 아주 밀도 높은 물질로 이루어져 있지만 자루에 에너지 코어가 있어 사용자의 체감 무게를 낮춰준다.

마블의 과학

갓슬레이어는 적을 찌르고 베면서 피해를 주는 데 아주 효과적이다. 찌르고 베는 운동으로 적의 신체에 손상을 입히는 검의 원리를 이해하기 위해 먼저 검이 어떤 힘을 가하는지 짚고 넘어가야 한다. 검을 통해 대상에게 전달되는 힘이 클수록 더 큰 피해를 입힐 수 있다. 갓슬레이어에서 가장 치명적인 부분은 가장자리와 끝부분이다. 두 부분 모두 다른 곳에 비해 표면적이 두드러지게 얇다. 검 끝으로 찌르면 옆면으로 찰싹 때리는 것과는 비교도 안 되게 강한 압력을 전달할 수 있다. 하지만 검의 파괴력을 높이려면 단순히 표면적을 얇게 만드는 것으로는 부족하다.

가모라와 그루트의 첫 만남을 기억해보자. 가모라는 갓 슬레이어를 휘둘러 그루트의 팔을 잘라냈다. 당시 상황을 슬로우 모션으로 재생하면서 그루트의 피부(?)를 자르는 검의 날을 확대한다면 검이 나뭇결의 균열에 하나의 쐐기처럼 작용하는 모습을 볼 수 있을 것이다. 이 쐐기는 접촉 지점에서 팔의 근섬유를 이어주는 분자 간 힘을 분해하는 힘을 발생시킨다. 계속해서 힘을 가하면 검이 바깥면의 결을 찢으면서 팔을 자르게 된다. 그루트의 팔이 흩어지지 않도록 잡아주는 힘은 극성 분자 사이의 상호 작용으로, 인력의 일종인 쌍극자 모멘트를 형성한다.

표면적이 절단력을 높이는 중요한 변수이기는 하나 다른 요인도 존재한다. 가모라가 파괴력을 높이는 방법 중 하나는 움직이면서 검을 휘두르는 것이다. 몸의 움직임은 검을 휘두르는 속도가 빠르고 검의 질량이 무거울수록 커진다. 따라서 무거운 검을 사용할수록 가속이 강하게 붙으면서 적은 표면적으로 큰 힘을 가할 수 있다. 하지만 가모라의 힘에는 한계가 있고 갓슬레이어는 에너지 코어의 영향으로 깃털처럼 가볍다.

칼자루에 회전하는 자이로스코프가 있다고 생각해 보자. 시계 방향으로 아주 빠르게 회전하면서 검의 축을 따라 각운동량을 만들어낸다고 가정하면 가능성이 있다. 실제로 검을 가볍게 만드는 것은 아니지만 가모라가 검의 균형을 잡을 수 있도록 도와 아주 무거운 갓슬레이어를 쉽게 다룰 수 있게 해준다. 가모라가 찌르기보다 베기를 많이 사용하는 것도 자이로스코프의 힘을 최대한 활용하기 위함으로 보인다.

실생활에서의 과학

구성 물질의 대부분이 이산화규소SiO_2로 이루어진 흑요석은 세계에서 가장 날카로운 물질이다. 취성과 패각상 깨짐이 예리함의 비결이다. 흑요석은 고유의 깨지는 방식 때문에 아주 날카로운 단면이 생겨난다. 깨진 부분의 교차점, 다시 말해 날 부분의 너비가 3nm에 불과한 경우도 있다. 이는 천연 소재를 활용하여 만든 무기 중 단분자 검에 가장 가까운 형태로, 석기 시대에 최초의 무기로 사용되었다고 한다!

가장 날카로운 물질, 흑요석

흑요석은 아즈텍, 마야, 미스텍, 톨텍족이 사용한 무기인 마쿠아휘틀의 핵심 재료이다. 마쿠아휘틀은 나무 곤봉에 날카롭게 간 흑요석을 붙여서 만든다. 기록에 따르면 마쿠아휘틀은 단 한 번 휘두르는 것만으로도 말의 머리를 쪼갤 수 있었다고 한다. 오늘날 일부 의사들은 철제 금속 대신 흑요석을 사용하기도 한다. 절단면이 깔끔하여 흉터가 적게 남고 빠르게 회복할 수 있기 때문이다. 하지만 흑요석은 유리만큼이나 쉽게 부서진다는 단점이 있다.

역사상 가장 강한 금속은 경도, 인성, 강도 세 요소의 균형을 맞춘 다양한 형태의 금속 합금이었다. 각각의 요소는 거친 연마재나 마찰력에 버티는 정도(경도), 변형에 저항하는 정도(인성), 부서지지 않고 견디는 정도(강도)를 결정한다. 대장장이는 검을 제련하는 동안 담금질과 뜨임을 통해 세 가지 변수를 최적화했다. 예를 들어 칼날의 위쪽 2/3는 적의 공격을 받아내는 아래쪽 부분만큼 단단하게 만들 필요가 없다. 담금질과 뜨임 과정을 거쳐 금속의 경도를 높이면 칼날을 오랫동안 예리하게 유지할 수 있다. 하지만 경도가 지나치게 높으면 날이 취약해 부서지기 쉬우니 아래쪽 부분은 인성을 주기 위해 천천히 식혀야 한다.

금속을 합금하다 보면 가끔 독특한 구조적 특징이 나타나곤 한다. 대표적인 예시는 역사의 한 획을 그은 '다마스쿠스 강'으로, 13세기부터 17세기까지 검에 사용한 물질 중 가장 유연하고 강도 높은 물질이었다. 다마스쿠스 강으로 만든 검은 깨지지 않았으며, 아주 예리하게 날을 세울 수 있었고, 고유의 물결 무늬가 표면에 나타났다. 비밀에 부쳐지던 다마스쿠스 강의 제조 과정은 17세기에 사라지고 말았다. 현재는 인도와 스리랑카에서 수입하던 우츠강의 잉곳에 다마스쿠스 강의 비결이 있다고 추측하고 있다. 우츠강은 텅스텐과 바나듐의 불순물을 미량 함유하고 있어 금속의 강도를 높인다.

2006년에 독일 드레스덴대학교의 마리안느 라이볼드 Marianne Reibold 박사가 이끄는 연구진은 다마스쿠스 검이 어쩌면 세계 최초의 합성 나노 물질일 수도 있다고 주장했다. 두 가지의 미세 구조가 검의 강도를 높이는 원인으로 밝혀졌는데 바로 탄소 나노 튜브CNT와 시멘타이트 나노와이어CNW이다. 탄소 나노 튜브는 탄소 원자가 육각형으로 이어지면서 관 모양을 형성하는 물질로, 강철보다 인장 강도가 100배 높은 물질을 만들 수 있다.

스타로드의 중력 지뢰

★ 등장: 〈가디언즈 오브 갤럭시〉, 〈어벤져스: 인피니티 워〉
★ 대상: 스타로드(피터 퀼)
★ 과학 개념: 중력, 견인 광선, 중력파

소개

지금 식탁 위에 올라가 뛰어내리면 지구의 중심을 향해 가속도를 받으면서 $9.8m/s^2$의 속도로 떨어질 것이다. 반면 화성의 우주 정거장에서 같은 높이를 뛰어내리면 화성의 중심을 향해 $3.711m/s^2$의 속도로 떨어진다. 왜 떨어지는 속도가 달라질까? 우리가 지구 중심으로 끌리는 인력은 지구의 질량이나 지구와 태양 사이의 상대적 위치 등 다양한 요인에 의해 결정된다. 물질의 밀도가 크게 높아지거나 물체의 질량이 어마어마하게 커질 수 있는 우주의 어딘가에서는 중력이 시공간을 휘게 만들 수도 있다. 중력의 원천은 무엇일까? 사람이 중력을 측정하거나 제어할 수 있을까?

을까?

줄거리

스타로드는 모험에서 요긴하게 사용할 수 있는 몇 가지 장비를 가지고 다닌다. 그의 무기고에는 던지면 엄청난 중력장을 생성해 영향권 내의 모든 물체를 끌어오는 중력 지뢰도 있다. 오브를 찾으러 모라그에 도착한 스타로드는 중력 지뢰를 활용해 정지장에 있던 오브를 빼내고 로난의 사카리안 병사들을 무력화시킨다. 타이탄에서 맨티스가 공감 능력을 활용해 타노스를 무력화할 때 이를 돕는 용도로도 사용했다. 스타로드의 중력 지뢰는 어떤 원리로 작용할까? 단순히 중력을 생성할 뿐인 걸까?

마블의 과학

중력 지뢰가 실제로 중력을 생성한다면 장치의 몇 가지 성질을 추측해 볼 수 있다. 예를 들어, 〈어벤져스: 인피니티 워〉에서 중력 지뢰는 맨티스가 타노스를 전투 불능으로 만들 수 있도록 그의 팔을 잠시 묶어놓는 역할을 했다. 만약 중력 지뢰가 중력파를 발생시킨다면 정지장에서 오브를 빼낼 때와 타노스의 손을 묶을 때 작동 방식이 달라지는 것을 설명할 수 없다. 모라그에서 코라스와 로난의 사카리안 병사를 전부 빨아들였던 것과 같은 현상이 일어나야 맞다. 따라서 중력 지뢰는 두 개의 베셀 빔을 활용한 트랙터 빔처럼 작동한다고 볼 수 있다.

베셀 빔은 어두운 부분을 중심으로 동심원을 형성하는 도넛 모양의 빛이다. 음파, 광파, 중력파가 엑시콘 렌즈(곡면에 가까운 뾰뾰한 오각형 렌즈라고 생각하자)를 통과하면 베셀 빔이 만들어지면서 동심원을 형성한다. 만약 물체가 진행 경로를 일부 막고 있다면 회절이 발생하지 않거나 방해받는 상황이 발생한다. 이런 경우 동심원을 둘러싼 부분의 일부는 장애물에 의해 발생한 복사선을 치료할 수 있다. 이러한 현상을 활용하면 동심원 레이저를 타노스의 반대편에 형성해 그를 지뢰 방향으로 잡아당기는 용도로 사용할 수 있다. 그렇다면 타노스를 제압할 때 나타났던 에너지 방출이 〈가디언즈 오브 갤럭시〉에서 퀼이 모라그를 탈출할 때는 보이지 않았던 부분도 설명할 수 있다.

실생활에서의 과학
타노스가 사람의 세포만큼 작았다면 베셀 빔을 트랙터

빔처럼 작동할 수 있었을 것이다. 현재 베셀 빔은 광학 족 집게에만 사용되고 있다(7장 현실 조작 참조). 무한한 동심원을 가진 진정한 의미의 베셀 빔을 만드는 일에는 무한한 에너지가 필요하기 때문에 불가능하다. 하지만 연구자들은 세포나 다른 미립자를 가두는 용도로 사용할 수 있으면서 최대 11개의 동심원을 형성하는 베셀 빔을 개발하는데 성공했다. 뉴욕대학교의 데이비드 그리어David Grier 박사는 베셀 빔의 위상을 바꾸어 실리카 비드(447kg짜리 타노스는 안 되겠지만)를 밀거나 당기는 시연을 했다. 스페인 카탈루냐 공과대학교의 노아 지메네즈Noé Jiménez 박사는 같은 개념을 음파에 접목했다. 실험 결과 음파가 나선 격자를 통과하면서 작은 물체를 가둘 수 있는 소리의 소용돌이를 만들어 냈다.

하지만 이러한 접근 방식은 직선 경로에 있는 물체에 영향을 가할 수 있을 만큼 강하지 않다. 중력파를 통해 중력을 만들면 어떨까? 중력을 처음 정의한 사람은 아이작 뉴턴Isaac Newton으로, 그는 중력이 우주 만물에 작용하는 영구적이면서도 순간적인 힘이라고 생각했다. 뉴턴의 이론은 수백 년 동안 (알버트 아인슈타인Albert Einstein이 일반 상대성 이론을 정립하기 전까지) 꽤 잘 들어맞는 듯했다. 아인슈타인은 우주에서 가장 빠른 물질은 빛이라고 가정했으며 당연히 우주

전체에 즉시 작용한다는 중력의 성질에 의문을 품었다. 이후 아인슈타인은 중력의 이해를 고찰하면서 질량이 큰 물체 주변에서는 시공간이 휘어지고, 이 곡률이 중력을 발생시킨다는 개념을 떠올렸다. 심지어 중력파의 존재를 이론으로 정리하기도 했는데 몇 십 년 뒤의 실험에서 사실로 증명되었다.

중력파 측정은 꽤 까다로운 작업이었다. 예를 들어 일렁이는 시공간을 자로 재려고 할 때, 기준이 되는 자 역시 요동친다면 측정 작업은 몹시 어려워진다. 이 문제를 해결하기 위해 미국에 두 채의 레이저 간섭계 중력파 관측소LIGOs를 건설했다. 특유의 L자 모양 설비는 교차점에서 서로 수직을 이루며 4㎞ 길이로 뻗어 있다. 시설 내부에서는 빔 분리기를 통해 고출력(100kW)레이저를 팔 부분에 투사해 끝에 설치한 거울에 반사되어 돌아오는 빛을 관찰한다. 중력파가 나타난다면 간섭무늬에서 변화를 알아챌 수 있을 것이다.

한 가지 놀라운 사실을 알려 주자면, 레이저 간섭계 중력파 관측소가 처음으로 중력파를 감지할 때(붕괴하는 쌍성계에서 날아왔다) 그들은 겨우 10~18m 정도로 발생한 변화를 감지해야 했다. 비유하자면 지구와 가장 가까운 별 사이의 거리를 머리카락 굵기의 오차로 측정하는 것과 같다. 아주 정밀한 실험을 하기 위해 리빙스턴, 루이지애나, 핸포드, 워싱턴에서 레이저 간섭계 중력파 관측소의 진공 밀폐 레이저 챔버를 동시에 작동시켜야 했다. 함께 가동한 결과 수십억 년 전에 하나로 합쳐진 두 개의 블랙홀에서 발생한 중력파를 측정할 수 있었다. 추가 레이저 간섭계 중력파 관측소를 건설하면 곧 중력파를 이용한 삼각 측량과 공간 측량 역시 가능하게 될 것이다.

7장

경이로운 역학

인공 지능

★ 등장: 〈아이언맨〉, 〈아이언맨 2〉, 〈어벤져스〉, 〈아이언맨 3〉, 〈어벤져스: 에이지 오브 울트론〉, 〈스파이더맨: 홈커밍〉, 〈어벤져스: 인피니티 워〉

★ 대상: 자비스, 울트론, 프라이데이, 캐런, 비전

★ 과학 개념: 신경망, 인공 지능, 시스템 신경 과학, 머신 러닝

소개

1943년 등장한 최초의 전자 컴퓨터 콜로서스는 단 한 가지 분야에 특화되어 있었다. 바로 세계 2차 대전이 일어나는 동안 독일군의 암호 메시지를 해독하는 일이었다. 1,700개의 진공관으로 이루어진 콜로서스는 거의 거실만큼 컸고, 종이테이프로 계산값을 입력해 불 연산 기반으로 작동했다. 오늘날 우리는 휴대폰에 소형 컴퓨터를 장착해 인공 지능AI이 사용자의 목소리를 인식하고, 좋아하는 음악을 들려주고, 모르는 장소에서 길을 안내하도록 만들었다. 하지만 컴퓨터의 발전에 있어 가장 의미 있는 부분은

거실만 한 크기에서 간단한 분산형 네트워크 형태로 발전
했다는 점이다. 미래의 컴퓨터는 어떤 모습일까? 인공 지
능은 어떤 식으로 발전하고 있는 걸까? 언젠가 인류 말살
에 집착하는 과대망상증 로봇이 실제로 탄생할까?

줄거리

아이언맨, 워머신, 스파이더맨은 언제나 슈트에 내장된
자연 언어 인터페이스의 도움을 받는다. 각자의 보조 프로
그램은 슈트의 상태, 사용자의 건강, 특정 기동이나 공격
의 성공 가능성에 관한 정보를 제공한다. 〈어벤져스: 에이
지 오브 울트론〉에서 토니와 배너는 토니의 평화 유지군
인 아이언 리전을 관리할 수 있도록 마인드 스톤을 이용
해 인공 지능을 개선하려고 했다. 하지만 사고로 적대적
인 인공 지능인 울트론이 탄생하고, 울트론은 데이터 계
산을 통해 지구에 평화를 가져오는 방법 중 가장 효율적
인 것은 인류의 멸종이라는 결론을 내린다. 어벤져스는
울트론과 싸우기 위해 망가진 자비스의 디지털 프레임워
크에 마인드 스톤을 사용해 인간에 우호적인 인공 지능을
만들게 된다. 이렇게 탄생한 것이 바로 비전이다.

마블의 과학

배너와 토니는 처음 마인드 스톤의 힘을 연구하던 중 새로운 코딩 언어로 보이는 무언가를 찾아낸다. 이후 스타크 인더스트리의 기술을 이용해 이 낯선 언어를 홀로그램 투사체로 시각화하고, 배너는 이 언어가 '뉴런 발화'처럼 보인다고 말한다. 인간의 프로그래밍 수준에서 존재하지 않는 능력, 즉 컴퓨터 두뇌에 지각을 불어넣는 힘이 있는 것 같다는 말이다. 오늘날의 인공 지능은 인간이 정의한 문제를 해결하는 형태이며 자체 관찰을 통해 스스로 문제를 정의할 수는 없다. 프로그래머가 위성 데이터를 수집해서 도시의 교통 정보를 파악하고 길 찾기 알고리즘을 개발해야만 비로소 경로를 알려주는 앱을 만들 수 있게 된다. 앱 하나를 개발하려면 엄청난 양의 프로그래밍이 필요하다. 인공 지능 단계에서 넘어야 할 난관은 무수히 많지만 인간이 정해준 문제만 풀 수 있는 인공 지능의 한계야말로 기계 두뇌 개발 과정에서 가장 먼저 해결할 부분이다.

울트론은 토니가 했던 말 중 '우리 시대의 평화'라는 문장으로 문제를 인식하기 시작했다. 마인드 스톤의 힘을 이용해 문제를 풀어낸 울트론은 인간의 멸종이 이 문제의 유일한 해답이라는 결론을 내린다. 여기서 울트론의 생각 방식은 일반 컴퓨터와는 다르다. 오히려 과대망상증에 가깝다. 울트론은 인간의 감각 기관은 없지만 인터넷에서 찾은 단어와 사진을 빠르게 훑어보며 정보를 습득한다. 이러한 반복 과정은 아마 주변 세계를 지각하게 해주는 심층 신경망 머신 러닝 알고리즘에 의존했을 것이다. 인공 신경망은 뉴런이 서로 정보를 주고받으며 처리하고 다른 뉴런에 전달하는 인간의 뇌를 부분적으로 모방한다. 컴퓨터는 첫 번째 처리 계층으로 정보를 보낸 다음 두 번째, 세 번째 처리 계층으로 넘기는 과정을 필요한 만큼 반복한다.

간단히 말해, 울트론은 토니의 사진을 보면 사진 속의 남자가 토니 스타크라는 결론을 내리기 전에 먼저 외모의 특징을 여러 가지 잣대로 분류한다. 한 처리 계층에서는 남자의 얼굴에 수염이 있는지 살펴보고, 다른 처리 계층에서는 그 수염이 염소수염인지 확인하는 식이다. 체계화 과정이 진행될수록 신경망의 각 계층은 현재 보고 있는 사진에 대한 정보를 점점 구체적으로 제공한다. 한 사람의 얼굴에 대한 정보를 받으면 가장 먼저 인간의 얼굴이 어떻게 생겼는가에 대한 더 큰 해석에 기반해서 정보를 추출하고 구체화해야 한다. 어디에서부터 어디까지가 얼굴이고, 어디까지가 배경인가? 울트론은 수염이 있는 사람과 없는 사람, 다양한 연령대와 인종의 사람 사진 수백만 장을 살펴보면서 인지 훈련을 받는다. 울트론이 깨어난 지 단 15초 만에 주변 세계, 사람, 역사를 이해했다는 것은 마인드스톤의 힘이 얼마나 강력한지 알려주는 뚜렷한 증거다. 울트론은 사람처럼 인지할 수 있는 컴퓨터 두뇌를 가지게 되었다. 딥 러닝을 반복하면서 주변 환경을 분석하고 인지하는 능력을 얻은 울트론은 방대한 데이터에서 세세한 정보까지 찾아내 빠르게 문제를 해결할 수 있다.

실생활에서의 과학

현시점에서 봤을 때 인류를 말살하려는 변종 인공 지능이 우연히 탄생할 가능성은 거의 없다. 하지만 컴퓨터 내에 뇌 일부를 시뮬레이션하는 분야에서는 굉장한 발전을 이룩했다. 현재 한 스위스 연구진은 두뇌 마이크로 회로 설계의 리버스 엔지니어링 기술 개발을 국제 단위의 협력을 통해 이끌고 있다. '블루 브레인'이라는 이름의 프로젝트는 동물을 대상으로 세포의 종류, 연결, 발화 패턴, 보상 회로 등의 신경 과학 연구를 진행하여 신피질 기능을 시뮬레이션하는 것이 목적이다. 프로젝트의 첫 단계에서, 과학자들은 쥐의 신피질 기둥 하나를 10,000개의 뉴런과

108개의 시냅스 결합으로 재현했다. 이 부분은 의식적인 사고와 같은 고등 인지 능력과 관련 있는 것으로 보인다. 이러한 성과를 내는 데는 블루진Blue Gene과 마게리트Magerit 슈퍼컴퓨터 클러스터의 공이 컸으며, 이후 신피질 기둥 100개로 이루어진 중간 피질 회로를 구성하는 것으로 프로젝트를 확장한다.

블루 브레인으로 설치류의 뇌 기능을 완벽하게 이해할 수 있는 것은 아니다. 유전자 발현, 뇌 안의 비어 있는 부분이 하는 역할, 심혈관계, 뇌 대사의 필요성 등 다양한 생물 기능은 여전히 베일에 가려져 있다. 나중에는 이러한 조직 계층뿐 아니라 뇌의 다양한 세포 역시 미래의 블루 브레인 프로젝트에 통합될 것으로 보고 있다. 또한 설치류 뇌 시뮬레이션은 쥐의 의식적인 생각에 대한 통찰을 제공했으나 인간의 뇌 기능을 추측할 만큼의 정보에는 미치지 못했다. 쥐는 10,000개의 뉴런이 모여 100개의 신피질 기둥을 이루지만 인간의 신피질은 1,000,000개의 기둥으로 구성되며, 기둥마다 6,000개의 뉴런을 찾아볼 수 있다.

아마 머신 러닝 부문에서 가장 큰 성과를 거둔 이들은 구글의 딥마인드 연구진일 것이다. 딥마인드는 세계 최고의 바둑 기사를 상대로 승리를 거둔 최초의 컴퓨터를 개발했다. 인공 지능에게 패배하는 것은 낯선 일이 아니다. 하지만 한 게임에서 일어날 수 있는 2.08×10^{170} 가지의 움직임을 고려해야 한다면 평범한 인공 지능의 수준으로는 어렵다. 딥마인드의 엔지니어가 생각한 해결책은 수천 판의 바둑 경기를 학습하고 이를 기반으로 수를 두는 인공 지능을 개발하는 것이었다. 다른 게임을 통해 학습하는 방식을 채택하면 자기 자신과 바둑을 둘 수 있기 때문에 훨씬 정교한 인공 지능 바둑 기사를 육성할 수 있다. 신경망 강화 학습 알고리즘을 이렇게 다목적으로 활용할 수 있다는 것은 어떠한 종류의 시각 정보라도 인공 지능 학습에 사용할 수 있다는 의미가 된다. 현재 딥마인드는 70년대와 80년대의 비디오 게임으로 훈련하고 있으며, 더 큰 문제에 서서히 도입되고 있다. 가상의 3차원 공간에서 다리 한 쌍을 이용해 보행법을 학습하는 프로젝트가 대표적인 예라고 할 수 있겠다.

인공 신체

★ 등장: 〈캡틴 아메리카: 윈터 솔져〉, 〈가디언즈 오브 갤럭시〉, 〈캡틴 아메리카: 시빌 워〉, 〈가디언즈 오브 갤럭시 Vol. 2〉, 〈어벤져스: 인피니티 워〉, 〈루크 케이지〉

★ 대상: 윈터 솔져(버키 반즈), 네뷸라, 미스티 나이트(머세이디스 켈리 나이트)

★ 과학 개념: 두뇌-컴퓨터 인터페이스, 신경 과학, 신경 가소성, 사이버네틱스

소개

두뇌는 인류의 진화 과정에서 아주 중요한 역할을 했다. 인간이 번영한 이유인 두뇌는 다른 사람과 소통하고, 주변 환경을 원하는 대로 변형할 수 있는 능력을 부여했다. 특히 뇌와 말초 신경계는 변화에 대한 적응력이 높다. 예를 들어 팔다리를 잃으면 눈에 보이는 변화만 일어나는 게 아니라 뇌가 정보를 처리하는 방식까지 변한다. 뇌 신경에 연결하는 인공 신체 개발은 아직 걸음마 단계이지만 인공

신체에 혁신적인 영향을 미칠 것으로 보이는 두뇌-컴퓨터 인터페이스의 역학적 토대를 밝히는 연구가 성과를 거두고 있다.

줄거리

마블 시네마틱 유니버스에는 인공 신체를 가진 인물이 많이 등장한다. 버키 반즈와 미스터 나이트는 팔을 잃은 이후 금속 팔을 이식하는 수술을 받는다. 〈가디언즈 오브 갤럭시〉에서는 로켓처럼 일부만 기계로 개조하거나 네뷸라처럼 대부분을 인공 신체와 삽입물로 뒤덮은 경우도 볼 수 있다. 뼈와 살을 더 강한 재료로 교체하면 전투에서 우위를 점하기 쉽다. 손상을 입어도 갈아 끼우거나 고치면 그만이다. 기계 팔은 망가져도 고통이 없으므로 전장에서 전투력을 상실하는 일도 없다. 이는 스타로드 일행과 네뷸라의 전투에서 잘 나타나는 부분이다. 우리는 네뷸라가 위기를 극복하기 위해 여러 신체 부위를 희생하는 모습을 볼 수 있다.

마블의 과학

이제 하드웨어, 즉 생체 공학 팔이 사람의 체계에서 하는 역할에 초점을 맞추고 어떤 방식으로 신체 기능을 높일 수 있는지 살펴보자. 물론 예외야 항상 있겠지만 생체 공학 팔이라면 중추 신경계와 소통하면서 양방향 정보를 주고받을 수 있어야 한다. 기계 팔로 사과를 잡을 때 뇌가 팔에 암호화된 신호를 보낼 수 있어야 한다는 뜻이다. 또한 팔은 사과의 무게나 질감 등의 정보를 담은 신호를 뇌로 전송해야 한다.

사람의 팔이 어떤 원리로 움직이는지 생각해 보자. 뇌가 책을 집어 들어야겠다고 결정을 내리면, 척수의 축삭 돌기를 따라 하강하는 전기 신호를 보내 경추의 신경 섬유를 거치면서 몸을 활보한다. 이번에는 뉴런이 팔의 다양한 근육군과 손에 있는 20만 개의 뉴런에 전기 신호를 보내 책을 집어 드는 동작을 지시한다. 손으로 책을 잡으면 다시 뇌로 향하는 뉴런 발화 패턴을 통해 책의 무게나 질감 등의 정보를 알 수 있다. 이러한 정보 전달 과정이 도중에 끊기면 복구하기까지 오랜 기간의 훈련과 신경 재배치가 필요하다.

버키의 경우 팔을 잃고 나서 상완신경총의 신경이 말초 신경 인터페이스PNI와 이어졌을 것이다. 아주 미세한 기술인 말초 신경 인터페이스는 뇌에서 받은 전기 신호를 인공 팔의 운동 반응을 유발하는 기계 처리 장치가 읽을 수 있도록 변환한다. 말초 신경 인터페이스는 신경을 감쌀 수 있도록 백금으로 된 나선형 리본이나 신경 주변 조직에 봉합하는 긴 끈과 같은 형태로 만들 수 있다.

네뷸라

〈가디언즈 오브 갤럭시〉에 등장하는 네뷸라의 경우 다른 인물에 비해 신체 개조의 이유가 다소 선택적인 것으로 보인다. 네뷸라는 성능 향상을 위해 뇌와 척수를 제외한 거의 모든 부위를 인공 신체로 바꾸었다. 〈어벤져스: 인피니티 워〉에서 타노스가 네뷸라를 고문하면서 전신을 분해하는 장면에서도 이 사실을 확인할 수 있다. 네뷸라의 경우 신경계와 이어진 신체 부위가 거의 없다. 따라서 절단한 부분 대신 척수에 연결된 말초 신경 인터페이스를 사용할 가능성이 높다. 뉴로모픽 기술을 접목한 합성 뉴런을 기반으로 한 말초 신경 인터페이스를 사용하면 네뷸라는 기계 신체를 원하는 대로 다룰 수 있을 뿐 아니라 기계 신체를 통해 감각도 느낄 수 있다.

다른 형태의 생체 공학 팔 역시 피부 표면의 전극에서

근육 수축을 지시하는 신호를 받을 수 있다. 〈루크 케이지〉 시리즈에 처음 등장한 형사 미스티 나이트는 〈디펜더스〉에서 칼에 맞아 팔을 잃고 의수를 사용한다. 새로운 팔은 상완에 장착하며 어깨 아래에 부착한 센서에 연결되어 있다. 센서는 근전도EMG 신호를 읽어 기계 팔에 미스티 나이트의 명령을 전달한다. 근육 수축에 의해 발생하는 전위 차이를 감지하는 근전도 센서는 근육에 흐르는 미세한 전류를 감지하는 원리로 기계 팔에 움직임을 지시한다.

실생활에서의 과학

지금까지 설명한 수준의 과학에 도달할 날은 그렇게 머지 않았다. 사실 이러한 기술의 상당수는 원래 여러 부위의 조직 상태를 확인하고 치료할 목적으로 개발한 것이다. 근전도는 근육의 기능을 측정하고 신경근 이상 증세를 찾아낼 때 흔히 사용한다. 마찬가지로 심박 조율기는 심장 주기를, 미주 신경 자극기는 발작을 조절한다. 이러한 분야의 기술이 생체 공학 팔을 설계하는 데 사용되었다는 사실은 크게 놀라운 일이 아니다. 하지만 생체 공학 팔을 장착한 사람이 버키처럼 능숙하게 움직이는 모습을 보려면 몇 가지 큰 난관을 넘어야 한다.

인공 신체는 내부 배선과 부품을 통해 작동한다. 하지만 뇌는 완전히 다른 회로를 통해 조직과 상호 작용한다. 반드시 협력해야 하는 관계의 두 사람이 서로 다른 언어를 구사하는 상황과 같다. 많은 시간과 노력을 투자해야 서로의 말하는 방식을 배울 수 있을 것이다. 생체 공학 신체를 사용하기 위해서 환자의 신경계와 뇌는 팔의 기능을 학습해야 한다. 다시 말해 미리 프로그래밍한 동작은 기계 팔에서 수행하고, 머릿속에서는 팔을 움직이겠다는 생각이 드는 동시에 팔을 움직일 수 있도록 수백 시간 연습해야 한다는 뜻이다. 실험자가 근전도 전극이나 조직 내의 말초 신경 인터페이스를 이용해 전위를 측정하는 동안 피실험자에게 주먹을 쥐는 상상을 하도록 요청하는 것이 이러한 과정에 속한다. 하지만 근전도를 통해 생체 공학 팔을 제어하는 방식에는 한계가 있다. 팔 근육을 수축시켜 만들 수 있는 동작은 몇 가지밖에 되지 않는다. 팔의 다양한 움직임과 신기술의 오류율을 고려하면 한 사람의 뇌를 교육해 기계 팔을 기존의 팔처럼 완전히 자유롭게 쓰도록 하는 일이 얼마나 어려운 일인지 쉽게 알 수 있다.

생체 공학 신체는 다양한 방향으로 발전하고 있다. 최

초의 기계 팔 사용자인 클라우디아 미첼Claudia Mitchell은 셜리 라이언 어빌리티 랩이 설계한 팔을 사용하고 있다. 그는 오토바이 사고로 팔을 잃은 뒤 팔의 신경 조직을 가슴 근육에 재연결하는 여러 차례의 수술을 받았다. 수술 결과 신경 다발은 더 이상 존재하지 않는 팔이 아니라 실제 가슴 근육 조직을 자극했다. 이제 주먹을 쥐겠다는 생각을 머리에 떠올리면 가슴 근육이 몇 차례 경련하면서 발화 패턴을 그려내고 삽입한 근전도 전극이 이를 감지하여 장착한 생체 공학 팔로 다시 정보를 보낸다.

스파이더맨의 벽 타기

★ 등장: 〈캡틴 아메리카: 시빌 워〉, 〈스파이더맨: 홈커밍〉
★ 대상: 스파이더맨(피터 파커)
★ 과학 개념: 형태학, 생체 역학, 기계 공학, 생체 모방학

소개

지상에서의 생활을 택한 동물은 중력의 제약에서 벗어날 수 없다. 하지만 어디에나 예외는 있다. 거미와 게코 도마뱀 중 일부는 표면에 발을 밀착시키는 방식으로 어디에나 서있을 수 있다. 이들은 접지면의 마찰력을 조절해 체중의 몇 배나 되는 무게를 지탱하고 미끄러운 표면을 빠르게 기어 올라간다. 창문에 붙어 있는 거미를 현미경으로 관찰하면 벽을 타는 원리를 알 수 있을까? 거미의 벽 타기 능력을 연구하면 스파이더맨처럼 벽을 타고 오르는 도구를 개발할 수 있을까?

스파이더맨은 손끝과 발끝으로 어디에든 달라붙는 독특한 능력이 있다. 이 능력을 활용하면 단순히 매달려서 체중을 지탱하는 것 외에도 높이 뛰어오르거나, 화물 트럭 가장자리에서 균형을 잡거나, 170m 높이의 워싱턴 기념비를 타고 오를 수 있다. 아주 흥미로운 부분은 스파이더맨이 유리처럼 미끄러운 표면에도 각도에 상관없이 달라붙는다는 점이다. 〈스파이더맨: 홈커밍〉에서는 발에 강도를 붙여서 벽으로 던지는 모습도 볼 수 있다. 피터가 벽에 붙을 때 그의 손에서 어떤 일이 일어나는 걸까?

마블의 과학

스파이더맨이 벽에 달라붙는 원리를 이해하려면 먼저 진짜 거미부터 살펴보아야 한다. 언뜻 보면 거미는 여덟 개의 접촉면에서 균형을 맞추는 독특한 걸음걸이로 걷기 때문에 피터의 능력과는 크게 상관이 없는 것처럼 보인다. 하지만 벽에 달라붙는 비결은 걸음걸이가 아니라 표면에 접촉하는 방식에 있다. 스파이더맨은 손가락만 해도 최소 10개의 접점이 있으며 발볼까지 활용하면 2개의 더 많은 접점이 생긴다. 현미경으로 거미의 다리 끝을 보면 '강모'라고 부르는 작은 붓처럼 생긴 부위를 관찰할 수 있다. 더 자세히 들여다보면 강모의 털이 작은 삼각형을 여럿 이루고 있다는 사실을 알게 될 것이다. 이러한 미세 구조가 스파이더맨의 놀라운 접지력을 생성하며 올라가고자 하는 표면과 분자 간 상호 작용을 형성할 수 있도록 도와준다.

스파이더맨의 접지력은 물질을 하나로 묶을 때 작용하는 판데르발스 힘에서 나온다. 피터가 검지로 콘크리트를 잡으면 미세한 털이 분자 사이 공간을 파고들면서 삼각형 구조물을 형성해 고정한다. 일단 콘크리트 틈 내부로 들어가면 털이 벽과 쌍극자 상호 작용을 일으켜 분자 벨크로 같은 역할을 한다. 판데르발스 힘은 상대적으로 약하지만 벽 표면에 파고드는 털의 밀도가 높기 때문에 벽에 붙은 채 버틸 수 있다.

그렇다면 단단하게 붙인 손을 어떻게 떼어낼까? 이 부분은 거미보다는 게코 도마뱀과 비슷하다. 거미는 다양한 각도에서 강모를 붙일 수 있는 접촉면이 많기 때문이다. 분자 간 힘인 판데르발스 힘을 만들어낸다는 점에서는 같으나, 게코의 손가락은 빗각을 이루는 털과 같은 구조로 되어 있어 달라붙는 표면적을 넓히고 그로 인해 더 무거운 무게를 지탱할 수 있다. 게다가 이러한 게코의 강모는 매우 유연해 도약하면서 발생하는 힘을 흡수하므로 거미보다 훨씬 빠르게 움직일 수 있다.

피터의 초인적인 힘에서 나오는 강한 악력 역시 미끄러질 염려가 없는 표면을 오를 때 도움이 된다. 아마 피터는 벽을 오를 때 홈이나 튀어나온 부분을 이용해서 오르는 것을 더 선호할 것이다. 인간의 손가락에는 근육이 없으므로 손바닥과 팔뚝에서 뻗어 나와 동작을 돕는 힘줄에 의존해야 한다. 피터가 벽에서 튀어나온 부분을 잡고 있을 때 버티는 힘은 팔뚝과 손바닥 아랫부분에 있는 굴근에서 나온다. 반대로, 잡고 있던 손에 힘을 풀면 팔뚝과 손 위쪽의 신근에 힘을 가하게 된다. 어쩌면 평범한 사람들과 형태는 비슷하지만 인장 강도가 높아진 피터의 힘줄에 체중보다 무거운 무게를 버틸 수 있는 비결이 있을지도 모른다. 스파이더맨의 벽 타기 능력은 어떠한 표면에서도 분자 간 공간에 손을 집어넣는 능력과 생체 역학적 변화의 합작이라고 할 수 있다.

실생활에서의 과학

거미는 미끄러운 표면도 문제없는 벽 타기의 달인이다.

흰눈썹깡충거미는 일반적인 벽을 탈 때는 발톱을 사용하지만 미끄러운 표면에서는 털이 촘촘하게 난 발바닥을 사용한다. 게코의 발바닥에는 머리카락과 유사한 구조의 강모가 있다. 주걱처럼 생긴 강모의 끝부분은 판데르발스 힘뿐 아니라 정전기력도 발휘한다. 캐나다 워털루대학교의 하디 이자디Hadi Izadi 박사는 접촉 전기(발을 카펫 위에 문지르면 생기는 일과 유사하다)가 게코의 발바닥 패드와 벽 사이에 인력을 만들어 낼 수 있다는 사실을 발견한다.

거미의 위력

독일 브레멘대학교의 안토니아 케젤Antonia Kese 박사는 거미가 평균적으로 $1.7 \times 10^5 nm^2$의 접촉면을 만드는 624,000개의 미세모가 있다는 사실을 밝혀냈다. 미세모 하나의 접착력을 조사한 결과, 38.12nN의 힘을 낼 수 있었다. 작다고 생각할지 모르겠지만 거미의 체중을 생각하면 상당히 큰 힘으로, 이를 전부 사용하면 자기 체중의 170배까지 버틸 수 있다.

그렇다면 사람이 스파이더맨처럼 벽을 타는 모습을 보

려면 얼마나 걸릴까? 글쎄, 영국 케임브리지대학교의 데이비드 라본드David Labonte 교수에게 물어본다면 그는 게코가 접착 패드를 이용해 자신의 체중을 견딜 수 있는 가장 큰 동물이라고 대답해줄 것이다. 라본드는 지금까지 벽을 타는 225종의 생물을 조사하여 몸길이와 발바닥 패드 크기 사이의 관계를 파악했다. 진드기와 게코의 발바닥 패드 표면적이 약 200배 정도 차이난다는 사실을 고려했을 때, 스파이더맨처럼 벽에 매달리려면 인간 몸의 약 40%가 강모로 뒤덮여 있어야 한다. 다시 말해 동물이 털의 접지력을 이용해 벽을 타려면 게코보다 몸집이 크면 안 된다는 이야기이다. 하지만 이는 어디까지나 진화의 문제지 기술의 한계를 의미하지는 않는다. 엘리엇 호크스Elliot Hawkes는 미국 스탠퍼드대학교에서 게코 생체 모방 체중 분산 장갑을 만들어 학교의 유리 벽을 타고 올라가는 데 성공했다(물론 게코처럼 빠르지는 않았다).

이처럼 접지력을 연구하는 분야는 특히 유용한 기술을 발견하는 경우가 많다. 게코의 발바닥 패드가 가진 역학적 특징을 접목한 생체 모방 설계는 현재 새로운 수술용 붕대에 응용되고 있다. 미국 메사추세츠 공과대학교의 엘부르즈 마하라비Alborz Mahdavi 박사는 게코의 발바닥 패드를 모방하여 주변 지형에 맞게 변하는 생분해성 고분자를 개발했는데 언젠가는 이것이 봉합 수술을 대체할지도 모른다.

또한, DARPA의 Z-Man 프로그램에서 개발한 군인용 접착 패드인 '겍스킨Geckskin' 역시 마찬가지로 접지력을 응용한 장비이다. 2012년 있었던 겍스킨의 시연에서는 103㎠의 패드를 벽에 붙여서 약 300kg의 정하중을 버틸 수 있었다.

현실 조작

★ 등장: 〈토르: 천둥의 신〉, 〈토르: 다크 월드〉, 〈토르: 라그나로크〉, 〈어벤져스: 인피니티 워〉
★ 대상: 로키, 프리가, 타노스
★ 과학 개념: 광학, 광 포획, 레이저

소개

빛은 지구에서 가장 중요한 존재이다. 우리는 빛과 어둠을 지각하여 물체가 얼마나 멀리 있는지, 형태는 어떠한지, 어느 쪽에 있는지 등의 정보를 알 수 있다. 가시광선의 파장은 물체에 색감을 입혀서 익은 과일을 가려내거나 위협적인 동물의 존재를 발견하도록 도와준다. 하지만 우리가 활용하는 빛은 가시광선만이 아니다. 고주파의 빛을 사용해 전자레인지로 음식을 데우거나 라디오와 텔레비전 프로그램을 방송할 수 있다. 빛, 다시 말해 전자기 복사는 우리의 현실을 이루는 중요한 요소이다. 우리 인간도

언젠가는 로키나 리얼리티 스톤처럼 빛을 조종할 수 있게
될까?

줄거리

마블 시네마틱 유니버스에서 등장하는 로키와 리얼리티
스톤은 빛을 이용해 환상을 만드는 힘이 있다. 로키는 이
능력을 이용해 자신의 모습을 오딘으로 바꾸거나, 갑옷
을 나타나게 하거나, 분신을 만드는 모습을 보여준다. 로
키가 힘을 사용할 때마다 희미한 빛이 나타나면서 시선을
교란한다. 이 빛은 실재하는 물질을 만드는 능력이 있는
것으로 보이는데 이러한 특징은 타노스가 리얼리티 스톤
을 사용해 현실을 자신의 의지대로 바꿀 때 더 분명하게
드러난다.

마블의 과학

로키의 능력은 양어머니 프리가가 가르쳐 준 것으로 보
인다. 아스가르드인의 놀라운 기술력이 인간의 눈에 마법
처럼 느껴지기도 한다는 사실을 생각해봤을 때, 어쩌면 빛
을 통해 이러한 능력을 설명할 수 있을지도 모른다. 로키
나 리얼리티 스톤이 전자기 방사의 영역에 영향을 끼칠 수

있다면 우리가 느끼는 현실에 변화를 만들 수 있을까?

빛을 특정한 방식으로 하나의 물체에 집중시키면 견인 광선처럼 활용할 수 있다. 만약 렌즈 밖으로 나오는 빛의 경로를 눈으로 볼 수 있다면 갈라지기 전에 3차원 원뿔처럼 하나의 점으로 모이는 모습을 관찰할 수 있을 것이다. 광자는 원뿔 내에서 마이크로미터 단위 입자를 분기점 쪽으로 밀어낸다. 입자는 분기점에 도달해도 계속 경로를 따라 진행한다. 하지만 다른 각도에서 렌즈를 향해 또 다른 빛을 비추면 두 개의 빛이 동시에 하나의 입자에서 갈라지며 입자를 3차원 공간에 고정할 수 있다.

만약 로키가 빛을 보내서 작은 먼지 입자를 마음대로 움직일 수 있다면 움직이는 프로젝터 스크린처럼 다양한 파장의 빛을 통해 피부를 만들 수도 있다. 비가시광선으로 입자를 움직이거나 가시광선으로 먼지 입자 피부에 색을 투사하면 더 정교한 작품이 탄생한다. 정리하자면 빛으로 대기에 존재하는 가장 작은 입자를 모아 부피를 표현하는 원리라고 할 수 있다. 그렇다면 환상이 희미해지거나 사라질 때 밝은 백색광이 나오는 현상도 빛의 분기점에 있던 미세 입자의 자리 이탈로 설명할 수 있다.

빛과 힘

빛은 파동과 입자의 성질을 모두 가지고 있으며, 입자성 덕분에 다른 물체에 힘을 가할 수 있다. 혜성의 꼬리가 두 개인 이유도 여기에 있다. 태양 복사가 꼬리에 압력을 가하여 태양 반대편으로 날리게 만들기 때문이다.

로키는 빛을 이용해 가지고 있는 물건을 숨기기도 하지만 반대로 빛을 실재하는 물체로 바꿀 때도 있다. 이런 경우, 질량 에너지 등가의 법칙, $E = mc^2$을 역으로 활용해 빛을 물질로 바꾸는 과정을 거칠지도 모른다. 고에너지 광자를 서로 충돌시키는 방식을 사용할 수도 있지만 이는 많은 에너지를 필요로 한다. 게다가 만약 로키에게 이런 힘이 있다면 그는 물체를 만드는 대신 사람들을 제압하는 용도로 사용했을 것이다.

실생활에서의 과학

광 포획을 현실에서 구현한 것은 생각보다 훨씬 오래 전의 일이다. 그리고 현재 기술의 발전과 레이저 활용의 혁신으로 로키의 능력과 비슷한 방식으로 가시광선을 조작할 수 있다. 빛에 힘이 있다는 생각은 요하네스 케플러 Johannes Keppler가 혜성에서 나타나는 두 개의 꼬리를 묘사했던 1619년으로 거슬러 올라간다. 이후 1970년대와 1980년대에 걸쳐 벨 연구소의 아서 에슈킨Arthur Ashkin 박사가 광 포획의 기초를 닦는다. 에슈킨 박사의 연구 덕분에 살아 있는 박테리아를 옮기고, 세포 내의 기관을 조작하며, 액체 배지에서 살아 있는 세포를 죽은 세포에서 떼어낼 수 있게 되었다. 오늘날 광 포획은 세포를 조작하고 세포 내 아주 작은 물체를 움직이는 힘을 탐구하는 분야에서 아주 중요한 도구이다.

빛의 힘을 이용하여 체적 디스플레이를 만드는 연구가 이루어진 것은 비교적 최근이며 미국 브리검영대학교의 대니얼 스몰리Daniel Smalley 박사가 포석을 쌓았다. 〈스타워즈: 새로운 희망〉의 명대사 "당신이 내 유일한 희망입니다"를 있게 해준 R2-D2에서 영감을 받은 스몰리의 연구진은 360°에서 관찰할 수 있는 체적 디스플레이 개발에 돌입했다. 이렇게 만들어 낸 완성본은 광 포획 장치로 허공에 셀룰로스 입자를 가두고 레이저를 이용해 입자를 빛나게 만들었다. 그뿐만 아니라 대상을 공중에 띄운 상태로 이동시킬 수도 있었다. 이 과정에서 관측자는 광학 잔류성으로 말미암아 입자의 궤적을 관측할 수 있었다. (광학 잔류성은 시각 자극이 실제보다 더 오래 남는 것처럼 지각하는 현상으로, 아주 빠르게 나타났다가 사라지거나 움직이는 것의 형태를 관측할 수 있도록 해준다.) 현재 이러한 과정은 레이저와 거울을 정교하게 설치해야 가능하며 체적 디스플레이의 크기는 10㎣로 제한된다.

그렇다면 빛으로 물질을 만드는 것도 가능할까? 가장 먼저 등장한 가설은 1930년대에 그레고리 브레이트Gregory Breit와 존 A. 휠러John A. Wheeler가 세운 것으로, 두 개의 광자를 서로 충돌시키면 전자와 양전자가 나타난다는 내용이었다. 이는 로키나 리얼리티 스톤의 방식과는 차이가 있으나 2018년 임페리얼 칼리지 런던의 연구진은 같은 주제로 연구를 시작했다. 스티븐 로즈Steven Rose 박사의 연구진은 광자 가속기를 사용해 가열된 공간에서 강력한 감마선을 조사하여 전자 양전자 쌍을 측정할 수 있을 만큼 만들어내려고 했다.

전자기 방사를 빛으로 바꾸는 방식 외에도, 빛을 분자처럼 움직이게 만드는 독특한 방법이 하나 더 있다. 2013년 미국 메사추세츠 공과대학교과 미국 하버드대학교의 연구진은 극저온으로 냉각한 루비듐 원자 구름에 약한 레이저를 쏘아 보냈을 때 '리드버그 폴라리톤'이라고 부르는 입자가 나타나는 것을 관찰했다. 이렇게 나타난 리드버그 폴라리톤은 광자보다 확연히 느리게 움직였으며 두 개의 광자가 결합한 듯한 형태를 하고 있었다. 후속 실험에서는 광자 원자 사이에 더 강한 결합 에너지가 생기면 세쌍둥이 광자도 탄생할 수 있다는 사실을 입증했다.

8장

위력적인 무기

감마선

★ 등장: 〈인크레더블 헐크〉, 〈어벤져스〉, 〈어벤져스: 에이지 오브 울트론〉, 〈토르: 라그나로크〉, 〈어벤져스: 인피니티 워〉
★ 대상: 헐크(브루스 배너), 어보미네이션(에밀 브론스키)
★ 과학 개념: DNA 구조, 돌연변이, 유전학, DNA 손상

소개

우리의 유전체를 구성하는 DNA는 착상되는 순간 생성되어 죽은 뒤에도 남아 있다. 배 발생 시기 동안 사람의 유전체는 하나가 두 개가 되고, 두 개가 네 개가 되는 식으로 계속 분열한다. 세포 하나로 시작한 배아는 성인이 되었을 때 37조 2,000개의 서로 다른 기능을 가진 세포를 가지게 된다. 사람의 세포는 죽을 때까지 10^{16}번 분열한다. 아주 많은 정보를 복사하는 작업이기 때문에 당연히 몇 차례 오류가 일어날 수 있다. 심지어는 여러 가지 화학 돌연변이원이나 DNA 및 단백질의 기능을 완전히 뒤집어놓을 수

있는 전자기 방사에 끊임없이 공격받기도 한다. 우리의 세포는 이러한 종류의 손상을 입어도 치료할 수 있지만 마블 시네마틱 유니버스에서 등장하는 어떤 인물은 그렇지 않은 것 같다. 이제 헐크에 대해 알아보도록 하자.

줄거리

브루스 배너는 감마선을 조사하는 실험에 실패하면서 헐크가 된다. 무기나 슈퍼 솔저를 만들려는 의도는 전혀 없었고 단지 방사선에 대한 세포의 회복력을 높이려는 시도였다. 하지만 장비의 오작동으로 감마선이 배너의 체세포에 영구적인 변형을 일으켰다. 〈인크레더블 헐크〉에서 사무엘 스턴스 박사는 헐크 변신이 배너의 편도선에서 나오는 감마선 펄스에서 시작되는 것 같다고 추측했다. 이후 감마선에 오염된 배너의 혈액은 슈퍼 솔저 혈청과 함께 에밀 블론스키에게 투입돼 그를 흉측한 어보미네이션으로 만든다. 여기까지 보면 감마선은 마치 일반인을 화가 잔뜩 난 괴물로 바꾸는 촉매 역할을 하는 듯하다.

마블의 과학

감마선은 배너가 변신하게 된 주원인이었을 뿐 아니라

그의 평생 연구 대상이기도 했다. 애초에 쉴드가 어벤져스에 배너를 넣은 이유도 테서랙트가 방출하는 감마선이 너무 희미해 배너 없이는 찾을 수 없기 때문이었다. 배너를 헐크로 만들었던 연구는 인간 조직의 방사능 회복력을 높이기 위해 미오신 단백질에 감마선 펄스를 쬐는 것이었다. 감마선은 대체 무엇이며 생체 조직에 어떤 영향을 주는 걸까?

감마선이란 무엇일까? 원자를 생각해보자. 핵을 이루는 중성자와 양성자, 그리고 궤도를 도는 전자가 모여 원자를 구성한다. 대부분의 화학 반응은 서로 다른 원소가 결합을 이루기 위해 전자를 교환하는 과정을 거친다. 하지만 핵 내의 중성자나 양성자의 숫자가 변하는 일은 없다. 원소의 중성자나 양성자 구성이 바뀌면 핵이 붕괴되며 방사능을 방출한다. 핵을 안정하게 유지하는 강한 핵력에 교란이 일어나 엄청난 에너지가 발생하기 때문이다. 핵이 붕괴되면 알파선(헬륨 핵: 양성자 2개+중성자 2개), 베타선(전자 1개), 감마선(고에너지 광자)이 방출된다. 감마선은 전자기 스펙트럼 중 고에너지에 속하며 파장은 원자보다 짧다. 고에너지의 감마선은 원자를 통과하고, 감마선에 영향을 받은 원자는 전자를 잃는다. 감마선이 양날의 검인 이유가 바로 여기에 있다.

감마선은 전리 방사선이다. 따라서 엄청난 에너지를 가진 감마선을 원자에 쬐면 과부하를 일으키면서 전자를 튕겨낸다. 이런 상황이 발생하면 배너의 세포 내 단백질과 DNA를 보존하는 화학 결합에 산화 손상을 가하는 활성 산소를 만들어 낼 수 있다. 〈인크레더블 헐크〉에서는 감마선이 배너의 모든 세포 속 DNA에 영향을 미치면서 몸 전체에 변화를 일으키는 모습을 볼 수 있다. 감마선은 DNA의 이중 나선 구조를 끊으면서 유전체 전체를 산산이 부숴 놓는다. 유전체가 망가지고 나면 수리 메커니즘이 작동하는데, DNA를 재조립하는 과정에서 많은 돌연변이가 일어난다. 이때 (아주 희박하기는 하지만) 헐크로 변신하는 유전 변화가 일어날 가능성이 있다. 이런 상황이 벌어지면 헐크가 튀어나올 때를 대비해 신체의 성능을 개선하는 새로운 유전 구조를 갖추어야 한다.

배너가 헐크로 변신하는 동안 수많은 변화가 일어나겠지만 그중 근육 대사와 기능을 조절하는 유전자가 가장 많은 변화를 겪을 것으로 보인다. 인간의 근육 성장에 영향을 미치는 인슐린 성장 인자와 성장 호르몬이 대표적인 경우이다. 아마 재구성된 헐크의 성장 호르몬에는 근육 성장 신호를 보내는 수용체에 결합하는 능력을 높이는 돌연변이가 있어 평범한 사람보다 훨씬 크게 자라게 해줄 것이다.

실생활에서의 과학

다양한 기능을 하는 37조 2,000개의 세포가 모여 23개의 염색체 쌍을 이루는 3,200여 개의 유전자 배열을 재조립해 신체를 개조하려면 엄청난 운이 따라 주어야 한다. 또한 재조립을 통해 신체가 반드시 우월한 형태로 바뀐다는 장담도 없다. 접시를 여러 개 가져다가 순간접착제와 함께 항아리에 넣어서 흔든 다음, 파베르제의 달걀(보석 세공 명장 칼 파베르제Farl Faberge가 만든 달걀 모양 공예품)이 만들어지기를 바라는 것과 비슷하다. 불행히도 감마선에 노출되었다고 해서 언제나 긍정적인 영향이 나타나는 것은 아니다(매 순간 분노에 차있는 거대한 괴물로 변하는 일을 좋은 변화라고 가정하자면). 원자력 발전소 사고(후쿠시마와 체르노빌), 그리고 2차 세계 대전과 현장 실험에서 투하한 폭탄의 낙진을 조사한 데이터는 방사능에 노출되면 어떤 결과를 낳는지 명확하게 알려주고 있다.

배너가 원래 진행하던 실험은 미오신 단백질에 감마선을 쬐서 세포의 회복력을 연구하는 것이었다. 사실 배너가 실험하던 수준의 전리 방사선은 모든 종류의 단백질에 비슷한 영향을 미치므로 어떤 단백질인지는 크게 중요하지 않았을 것이다. 논문과 몇 가지 연구를 살펴보면 감마선이 소혈청알부민BSA에 미치는 영향을 알 수 있다.

소혈청알부민은 소의 피에서 추출한 수용성 혈장을 정제한 것으로 여러 실험실에서 단백질 공급원으로 사용하고 있다. 소혈청알부민을 자세히 들여다보면 둥글게 구겨진 여러 개의 나선 조직 형태의 아미노산 사슬을 관찰할 수 있다. 공중에서 나선이나 원 모양의 다양한 구조를 만들어 내는 리본 체조 선수를 생각해 보자. 감마선에 노출되면 소혈청알부민의 구조에 분열, 분해, 교차 결합이 발생해 기능이 변형된다. 이는 선수의 리본을 자르고 아무렇게나 붙여 예측할 수 없는 매듭을 만드는 일에 비교할 수 있다. 이런 변형이 대규모로 일어나면 엄청난 수의 세포가 죽게 된다. 현실이라면 배너는 감마선에 노출된 순간 사망하거나 심각한 방사선 노출 질환으로 고통받았을 것이다.

강렬한 감마선은 골수와 위장, 그리고 중추 신경계의 세포를 제거한다. 골수가 손상되면 백혈구와 적혈구 수치가 감소하면서 감염과 출혈에 아주 취약해진다. 골수 이식으로 부분적으로나마 치료할 수 있지만 위장과 세포가 파괴되면 음식에서 영양분을 흡수할 수 없다. 최악의 경우는 중추 신경계 손상이다. 심한 부기부터 시작해 몇 시간 내에 불안, 혼동, 의식 상실 증상이 나타난다. 아마 근육 경련과 혼수상태를 겪다가 대여섯 시간 안에 사망하게 될 것이다.

타노스의 핑거 스냅

★ 등장: 〈어벤져스: 인피니티 워〉
★ 대상: 타노스
★ 과학 개념: 역학, 보존 생물학, 멸종

소개

지난 백 년 동안 세계의 인구수는 약 4배 늘어 오는 2020년의 인구수는 78억 명에 달할 것으로 추정된다. 역사를 살펴보면 지금까지 인구에 영향을 미쳤던 수많은 변수와 그 영향을 알 수 있다. 변수가 만드는 변화는 인간의 문명에 영향을 줄 뿐 아니라 우리가 사는 땅과 토착 동식물에도 거대한 파문을 일으킨다. 오늘날 살아 있는 종은 지구의 탄생 이래 존재했던 모든 종의 1%도 되지 않는다 (나머지는 시간 속으로 사라지거나 화석으로 남았다). 만약 인류가 비극적인 멸종을 맞이한다면 이후엔 어떤 일이 일어날까?

〈어벤져스: 인피니티 워〉에서 타노스가 손가락을 튕기고 난 이후의 모습은 어떨까?

줄거리

타노스가 인피니티 스톤을 모으려는 이유는 고향 행성 타이탄에서의 끔찍한 기억 때문이다. 행성의 인구 증가가 그칠 줄 모르자 타노스는 한정된 자원을 이대로 소모하다가는 전부 파멸하리라는 사실을 알아차리고 한 가지 해결책을 내놓는다. 바로 행성의 생명체 절반을 죽이자는 제안이었다. 타노스는 즉시 추방당했지만 그의 말대로 얼마 지나지 않아 행성이 멸망하고 만다. 타이탄의 마지막 생존자인 타노스는 우주를 구하기 위해서 지각이 있는 생명체의 절반을 없애야 한다고 굳게 믿고 있다.

마블의 과학

타노스가 인류와 처음 만난 것은 로키가 치타우리 군대를 이끌고 전쟁을 일으켰던 2012년이었다. 만약 어벤져스가 로키의 공격을 막아내지 못했다면 당시 지구의 인구 약 71억 명 중 절반이 사라졌을 것이다. 당시 타노스는 적당한 때에 스페이스 스톤을 손에 넣어 인류의 절반을 말살할

계획을 세우고 있었다. 어쩌면 타이탄의 경험을 통해 지구의 인구가 임계점에 가까워지고 있다는 사실을 알고 있었을지도 모른다.

가설을 세워보자. 인간의 개체가 지나치게 많아지면 인구 밀도가 높은 도시 지역에서 공기 전염병이 퍼지며 남아 있는 담수 공급 시설이 오염된다. 지구 자원의 과잉 개발은 땅을 무너뜨리고 사막화를 유발하며, 생물 다양성을 파괴한다. 자원이 거의 고갈되고 나면 인간은 추악한 본성이 모습을 드러내 남은 자원을 차지하기 위한 전쟁을 일으킬 것이다. 이러한 결과를 생각해 봤을 때 타노스가 할 수 있는 최선은 인피니티 스톤으로 인구를 줄이는 것뿐이었다.

지구 운명을 갈라놓은 핑거 스냅 이후 처음 1분 동안에는 무슨 일이 벌어졌을까? 〈어벤져스: 인피니티 워〉의 끝 부분을 보면 대강 알 수 있다. 아마 인구의 절반이 사라지면서 인구가 밀집된 도시 지역의 사회 기반 시설이 파괴되고, 이로 인해 대략 백만 명의 사망자가 더 발생했을 것이다. 사라진 절반에는 의사, 소방관, 식품 공급 업체, 농부도 포함되어 있다. 도시 지역에서 노동력과 서비스가 사라지면 그 여파는 병원이나 식료품 배송 체계에 의존하는 지역으로 향한다. 지방의 경우 도시보다는 피해가 덜했을 것이다. 지방의 생존자들은 외부 도움 없이 농사를 지으면서 살 수 있다.

그래도 타노스는 가모라의 고향 행성에서 저지른 짓과는 달리 인류의 절반을 먼지로 바꾸는 호의를 베풀었다. 생존자들이 30억 구의 시체를 치우는 수고를 덜어준 셈이다!

어느 한 종의 개체 수 절반이 줄었다는 의미는 어떤 종에게는 동반 멸종 위기가, 어떤 종에게는 번영이 시작된다는 뜻이기도 하다. 예를 들어 인간에 의지해서 살던 일부 순화종은 야생으로 돌아가거나 죽음을 맞이하게 될 것이다(판다, 소, 닭, 개, 고양이가 가장 먼저다). 반대로 멸종 위기를 맞았던 종은 새로운 전성기를 맞이해 시간이 지날수록 안정적으로 번식할 수 있다. 온두라스와 나이지리아에서 생태계를 이루던 토착 동식물군이 다시 번성하게 될 수도 있다.

아마 가장 두드러진 변화는 바다일 것이다. 남획 행위가 사라지면서 해양 생태계가 복구되고 상어, 참다랑어, 참치, 대서양 넙치 같은 종의 개체 수가 다시 늘어날 것이다. 하지만 초반에는 긍정적인 현상이 나타날지 몰라도 이후 계속해서 개체 수가 늘어나면 먹이가 되던 종의 생존이 위협받는다. 결국 먹이 사슬이 파괴되고 해양 생물의 집단 멸종이라는 결과가 발생하고 말 것이다.

실생활에서의 과학

약 200년 전에도 타노스와 비슷한 생각을 했던 사람이 있었다. 1798년, 경제학자이자 목사인 토마스 맬서스Tomas Malthus는 《인구론An Essay on the Principle of Population》을 통해 계속 인구가 늘어나면 빈곤의 시기가 찾아올 것이라고 주장했다. 인구가 기하급수적으로 증가하는 데 반해 식량은 산술적으로 증가하므로 언젠가는 식량 부족에 시달릴 수밖에 없다는 논리였다. 그의 주장에 따르면 인구가 많아지면 노동력을 구하기 쉬우므로 임금이 하락하게 될 것이고 이는 더 많은 빈곤층을 낳는다. 맬서스의 철학은 18세기를 완전히 휩쓸면서 정책뿐 아니라 찰스 다윈Charles Darwin과 앨프리드 러셀 월리스Alfred Russel Wallace에게 영감을 미쳤고, 자연 선택설 관련 연구에서도 그 흔적을 찾아볼 수 있다.

맬서스의 제자 중 하나는 스승의 생각을 받아들여 '맬서스 트랩'이라는 이론을 만들었고 이를 1845년부터 1849년까지 일어난 감자 기근에 적용한다. 당시 아일랜드 원조 업무를 담당하던 영국 식민지 관리관 찰스 트레블안Charles Trevelyan은 백만의 아일랜드인을 무자비하게 죽음으로 몰아넣었다. 전 세계 인구의 절반이 죽은 것은 아니지만 아일랜드인의 12~18%가 사망하는 결과를 초래했다. 트레블안은 대기근이 맬서스의 주장을 뒷받침하는 설득력 있는 증거라고 생각해 아일랜드 지원을 중단했다. 그뿐만 아니라 아일랜드에서 생산하는 귀리를 잉글랜드로 수출하도록 강요했으며 굶주리는 사람들에게 식량을 지원하던 다른 구조 활동도 멈추게 했다.

하지만 맬서스와 트레블안을 비롯한 인물이 발전시킨 개념 체계에는 많은 결점이 있다. 그중 가장 큰 실수는 인간의 혁신적인 기술 발전을 고려하지 않았다는 점이다. 특히 맬서스는 유럽에서 농업 혁명이 일어나면서 경작의 효율성을 끌어올리고 식량의 생산과 분배 방식을 뒤바꿔 놓으리라는 것을 전혀 예측하지 못했다. 인간의 발전 방향 역시 맬서스의 예상에서 빗나갔다. 농장 시설, 식량 보존법, 살충제, 유전자 조작 농산물 개발을 통해 상상도 못 할 만큼 많은 식량을 생산하게 되리라는 사실 역시 몰랐다. 당시로부터 200년 뒤에는 아사자 수가 확연히 줄었으며 평균 인간 수명은 두 배로 뛰었다.

흑사병

급격한 인구 감소의 또 다른 예로는 1347~1750년 사이에 발병한 선 페스트를 들 수 있겠다. 미국 올버니주립대학교의 샤론 드위트Sharon DeWitte 박사는 질병에서 살아남은 사람들에게서 실낱같은 희망을 찾아냈다. 전염병 전후의 인구 데이터를 대조하여 전염병에서 한 번 살아남은 사람은 전염병이 다시 발생한 해에 생존할 가능성이 크다는 사실을 밝혀낸 것이다. 타노스의 핑거 스냅이 무작위로 인구의 절반을 날려버렸다면 흑사병은 병약한 사람을 죽이고 건강한 신체의 소유자만 살려두었다.

스톰 브레이커 단조

★ 등장: 〈어벤져스: 인피니티 워〉
★ 대상: 에이트리, 그루트, 토르
★ 과학 개념: 항성 진화, 아원자 물리학, 화학, 금속학

소개

지구의 생명체는 태양 빛에 의존하여 살아간다. 태양은 약 46억 300년가량 우리 태양계의 중심을 지켰지만 영원한 존재는 아니다. 태양을 포함한 모든 항성은 언젠가는 죽으며, 질량에 따라 조금씩 다르지만 오랜 시간에 걸쳐 여러 차례의 변화 과정을 겪는다. 우리는 광합성을 통해 태양 에너지를 당으로 바꾸는 요령을 알아냈지만 항성에 얽힌 미스터리는 여전히 남아 있다. 별은 어떻게 원소를 만들어 내는가? 죽어가는 별의 힘을 이용해 묠니르, 스톰 브레이커, 인피니티 건틀릿을 만들려면 어떤 물질이 필요한가?

토르는 1,500년 동안 마법이 깃든 망치 묠니르의 힘을 사용했다. 묠니르는 번개를 부르고 토네이도를 만들며 심지어 하늘을 날 수도 있다. 누나인 헬라가 묠니르를 부순 뒤 다른 무기가 필요해진 토르는 스톰 브레이커를 얻기 위해 별의 대장간, 니다벨리르에 사는 드워프 에이트리를 찾아간다. 스톰 브레이커는 묠니르와는 달리 비프로스트 없이도 어디든 원하는 곳으로 이동할 수 있는 능력이 있다. 스톰 브레이커, 묠니르, 인피니티 건틀릿은 모두 아스가르드의 광물 '우르'를 죽어가는 별의 열기로 녹여서 제련했기 때문에 엄청난 힘을 가질 수 있었다.

마블의 과학

외계의 금속 우르를 녹여서 거푸집에 부으려면 엄청난 에너지가 필요하다. 우리가 아는 금속과는 전혀 닮은 구석이 없지만 지구의 화학을 통해 묠니르와 스톰 브레이커의 특성을 설명할 수 있을지도 모른다.

철의 원자를 떠올려보자. 철의 원자는 이온화 에너지가 낮기 때문에 최외각 껍질에서 쉽게 두 개의 전자를 잃고 양전하를 띨 수 있다. 길 잃은 전자들은 마음대로 움직이면서 아원자 접착제가 되어 철 양이온을 하나로 결합한다. 자유 전자는 철 양이온을 묶으면서 금속 결합을 형성한다. 금속의 녹는점과 끓는점이 굉장히 높은 이유도 이러한 결합 구조 때문이다. 우르의 강도가 높은 이유도 양이온이 되기 쉬우면서 양성자 수가 많아 강한 금속 결합을 형성하기 때문이라고 볼 수 있다.

게다가 우르는 원자 구조상 변형에 강하기 때문에 합금으로 사용할 가능성이 크다. 순금속을 들여다보면 원자가 전부 같은 격자 구조를 형성하는 것을 볼 수 있다. 원자 구조를 밀어내는 힘을 가하면 순금속을 변형할 수 있다. 여기서 크기가 다른 원자를 집어넣으면 기존의 원자가 자리를 이탈하지 못하게 막아준다. 그렇다면 〈어벤져스: 인피니티 워〉에서 아스가르드인의 무기를 만들 때 사용하는 잉곳이 우르와 다양한 금속의 합금이라고 예측해볼 수 있다.

필요한 금속을 전부 녹이려면 용광로를 얼마나 뜨겁게 가열해야 할까? 니다벨리르의 드워프들은 죽어가는 별의 힘을 이용해서 수천 년 동안 아스가르드인에게 강력한 무기를 만들어주었다. 별은 질량에 따라 소멸하는 방식이 다르므로 추측 범위를 좁힐 수 있다. 별은 핵에서 외부로 힘을 방출하는 핵융합과, 새롭게 만들어낸 원소층을 안으로 당기는 중력이 균형을 이루는 동안만 존재한다. 별이 죽을 때가 되었다는 것은 핵의 모든 수소 연료가 고갈되고 핵융합을 계속할 만큼 강한 중력이 더 이상 작용하지 않는다는 뜻이다. 결국 핵융합 반응으로 별의 크기가 지구만큼 작아지거나 백색 왜성으로 변한다. 하지만 니다벨리르의 중심부는 지구만큼 크지 않으며 외관상 중성자별에 가깝다.

거대한 항성이 무거운 원소를 계속 융합하다가(수소에서 헬륨, 헬륨에서 탄소) 더 이상 융합할 수 없는 철로 된 핵만 남으면 중성자별이 탄생한다. 융합 반응이 멈추고 별이 붕괴하면서 격렬한 초신성 폭발이 일어나는 것이다. 여기서 발생한 중력은 핵에 남아 있는 원자 사이의 거리를 좁혀서 전자와 양성자가 중성자로 융합하게 만든다. 니다벨리르의 지름은 20km이나, 질량은 지구의 500,000배이며 600,000°C로 타오른다. 니다벨리르의 드워프는 중성자별과 이어지는 우주 정거장을 건설하여 대장간에 필요한 고온의 열을 공급해온 것으로 보인다.

실생활에서의 과학

지구에서 가장 강한 순금속인 텅스텐은 74개의 양성자를 가지며, 최대 6개의 전자를 주변 텅스텐 이온과 나눌 수 있다. 양성자와 최외각 껍질에서 공유할 수 있는 전자가 많으므로 아주 튼튼한 금속 결합에 속한다. 덕분에 텅스텐은 고온인 3,422℃에서 녹는다. 또한 다결정체이기 때문에 취성이 있다(헬라가 묠니르를 가루로 만들 수 있었던 것도 이러한 이유일 것이다). 3,422℃라는 고온을 만들어내는 일은 니다벨리르의 드워프라면 몰라도 우리에게는 쉽지 않다.

중성자별의 옆에서

우리가 죽어가는 별에 가까이 갈 수 있다고 가정해 보자. 토르처럼 중성자별에 가까이 접근하면 어떤 일이 일어날까? 중성자별은 전자가 양성자와 융합할 정도로 질량이 크고 중력이 강력하다. 중성자별 표면에 작용하는 중력은 지구의 배에 달한다. 다시 말해 우리같은 지구인이 토르가 했던 것처럼 니다벨리르의 중심부에 접근하면 중성자별을 향해 빨려 들어가면서 '스파게티화'가 일어날 것이다.

텅스텐으로 몰니르나 스톰 브레이커를 만들고 싶다면 분말 야금을 사용해보자. 텅스텐을 녹이지 않고도 원하는 형태를 만들 수 있다. 먼저 텅스텐을 입자로 갈아서 다른 원소 분말과 섞어 원하는 합금을 형성한다. 그다음 거푸집에 합금 분말을 넣고 수압 프레스나 기계 프레스로 6.45㎠당 10~60t의 힘으로 압력을 가하여 망치 머리와 자루를 만든다. 마지막으로 용광로에 집어넣고 소결 과정을 거치면 입자가 서로 결합하면서 굳는다(죽어가는 별이 없어도 괜찮다!).

텅스텐이 가장 강한 순금속이라고 해서 텅스텐을 넣은 합금이 가장 강한 것은 아니다. 캘리포니아대학교 로스앤젤레스의 리 샤오룬Xiaochun Li 박사의 연구 결과에 따르면 현재까지 만든 합금 중 가장 강한 것은 탄화 규소 나노입자(14%)를 마그네슘에 섞은 것이다. 이 나노 복합체는 탄화 규소 나노입자를 녹은 마그네슘에 균일하게 분배할 수 있는 혁신적인 공학 기술로 만들어졌다.

파워 스톤과 핵분열

★ 등장: 〈가디언즈 오브 갤럭시〉, 〈어벤져스: 인피니티 워〉
★ 대상: 로난, 스타로드(피터 퀼), 가모라, 드랙스, 로켓,
     타노스
★ 과학 개념: 핵분열

소개

동력원이란 무엇일까? 동력원을 제어하지 못하면 무슨 일이 벌어질까? 스마트폰을 생각해보자. 다양한 앱을 사용할 수 있도록 회로에 전력을 공급하는 배터리가 바로 스마트폰의 동력원이다. 배터리가 부러져서 내용물이 밖으로 새거나 충전량이 줄어들면 동력원이 사라진다. 핵분열에서 발생하는 에너지 규모를 키우고 있는데 갑자기 핵분열 과정에 대한 제어가 불가능해지면 어떤 일이 일어날까? 얼마나 큰 규모의 에너지가 방출될까? 광물의 형태로 응축된 파워 스톤이 힘을 제어하는 원리를 추측할 수 있을까?

〈가디언즈 오브 갤럭시〉는 파워 스톤이 담긴 오브를 손에 넣고자 하는 인물들의 갈등을 중심으로 전개된다. 파워 스톤은 아주 강력하기 때문에 엄청난 힘을 가진 생명체만이 다룰 수 있다. 컬렉터의 하녀처럼 평범한 생명체가 손에 넣으면 걷잡을 수 없는 보라색 폭발에 휩쓸리면서 온몸이 산산이 부서진다. 스톤의 힘을 제어하는데 성공한 이들은 인피니티 건틀릿처럼 무기나 장신구를 사용한 경우가 많다(스타로드 일행은 우정의 힘으로 스톤을 제압했지만!). 파워 스톤을 손에 넣은 타노스는 아스가르드 함대의 절반을 파괴하고, 아이언맨이 발사한 미사일 방향을 바꾸었으며, 에너지를 집중시켜 펄스를 쏘기까지 하는 모습을 보여준다.

마블의 과학

지금까지 에너지로 충격을 가하고, DNA에 돌연변이를 일으키며, 용광로를 달구고, 별을 붕괴시키는 원리를 알아보았다. 동력원이 만들어 내는 힘을 각각 비교할 수 있다면 핵반응이 가장 강력한 동력을 제공한다는 결론이 나올 것이다. 핵반응은 아인슈타인의 유명한 방정식 $E=mc^2$을 따른다(E는 에너지, m은 질량, c는 빛의 속도를 의미한다). 이 방정식이 파워 스톤 중심에서 벌어지는 에너지 방출과 어떠한 관계가 있는 걸까?

모든 원소는 고유의 원자 번호(양성자 수)와 원자량(양성자+중성자 수)을 가진다. 보통 양성자 질량은 중성자 질량과 같으며 원자량은 원자 번호의 두 배라고 표현한다. 하지만 원자 번호를 주의 깊게 본 사람이라면 뭔가 조금씩 다르다는 사실을 알아차렸을 것이다. 이 작은 질량 차이는 질량 결손으로 인한 결과인데, 질량(m)이 핵의 중성자와 양성자를 붙들어놓는 에너지(E)로 전환되기 때문에 나타난다. 바로 이 결합 에너지를 계산할 때 $E = mc^2$을 사용한다. 불안정한 원소에서 핵이나 핵자(양성자+중성자)의 구성이 바뀌면 질량 결손이 일어나면서 에너지를 방출하게 되며, 원자핵 안에서 타노스가 다루는 힘처럼 강력한 에너지의 발산이 일어난다.

파워 스톤을 손에 넣은 타노스가 원소의 핵자를 마음대로 조작해서 핵분열과 핵융합을 일으킬 수 있다고 생각해보자. 핵융합은 원자가 융합할 때 방출하는 에너지를(태양의 핵에서 발생하는 수소 융합), 핵분열은 원자가 쪼개질 때 발생하는 에너지를 사용한다(핵 반응로에서 붕괴하는 우라늄-235). 여기서 타노스가 파워 스톤으로 주변 원소의 핵자 수를 바꾸어 핵반응을 일으킨다고 가정하자. 철보다 가벼운 원소는 융합하고, 철보다 무거운 원소는 분열하면서 에너지를 분출할 것이다. 철이 융합과 분열의 경계선이 되는 이유는 철을 융합할 정도의 에너지는 초신성에서만 만들어 낼 수 있기 때문이다.

보랏빛의 정체

타노스가 파워 스톤을 사용할 때 융합하거나 분열하는 원자 연료의 종류는 추측하기 어렵지만, 원소마다 불꽃색이 다르다는 사실을 이용해 알아볼 수 있다. 불꽃 방출 분광법으로 측정하면 칼륨은 보라색 불꽃을 피운다. 열을 가해 원자 내 전자를 들뜬 상태로 전이시키면 에너지를 방출하게 되는데, 원자마다 에너지 준위가 다르기 때문에 원소마다 고유의 불꽃색을 관찰할 수 있다. 어쩌면 타노스와 로난은 보라색으로 빛나는 칼륨이 생성되는 핵분열 반응만 고집하는 걸지도 모른다.

아마 원자력 에너지를 활용한 가장 대표적인 경우는 세계 2차 대전에서 연합국이 일본을 상대로 사용한 원자 폭탄일 것이다. 당시 나가사키와 히로시마에 떨어진 폭탄 두 개는 약 십삼만 명의 목숨을 앗아갔다(대부분은 민간인이었다). 각각 '팻 맨'과 '리틀 보이'라고 불렸으며 핵 연쇄 반응을 일으키기 위해 플루토늄과 우라늄을 사용했다. 리틀 보이의 우라늄 붕괴가 에너지를 만들어 낼 수 있었던 원리를 생각해 보자. 리틀 보이 내의 우라늄-235는 폴로늄이 쏘아낸 중성자로 말미암아 우라늄-236으로 변한다. 불안정한 우라늄-236은 곧바로 크립톤-92와 바륨-141로 붕괴되고 세 개의 중성자를 방출한다. 방출된 중성자는 다시 다른 우라늄-236의 붕괴를 유발하고 매 붕괴마다 방출하는 에너지와 붕괴하는 우라늄은 3배로 증가한다. 여기서 중성자 반사체를 포함해 다양한 방식으로 핵 연쇄 반응의 효율을 높이면 엄청난 에너지를 만들 수 있다.

열핵 폭탄은 원자 폭탄이 발전된 형태인데 다행히도 지금까지 국제전에서 사용한 사례는 없다. 열핵 폭탄은 수소를 융합할 수 있을 만큼의 고온을 만들어 내기 위해 핵분열을 사용한다. 핵융합이 일어나면 다시 더 많은 핵분열을 유발하게 된다. 열핵 폭탄은 핵분열 물질이 완전히 붕괴하지 않는 원자 폭탄보다 더 효율적으로 연료를 소비한다.

우리는 우라늄 핵분열로 원자로를 가동하는 방법을 개발했으며 언젠가는 핵융합 발전을 통제하고자 한다(10장 아이언맨의 동력로 참조). 핵분열은 1940년대에 폭탄을 투하한 이후 유일하게 실현 가능한 핵에너지로써 관심을 받고 있다. 하지만 1973년 중동 전쟁으로 유가가 폭등한 뒤에야 원자로 건설에 필요한 상업적, 제도적 투자가 제대로 이루어졌다. 당시 가장 흔한 형태의 원자로는 감속재, 연료봉, 제어봉으로 이루어진 경수형 원자로였다. 연료봉은 붕괴 준비를 마친 우라늄-235로 구성되며 감속재와 제어봉은 핵분열 반응을 제어한다. 감속재는 물이나 중수를 사용하는데 연료봉에서 방출하는 중성자 속도를 늦추는 역할을 한다. 제어봉은 붕소나 카드뮴으로 이루어지며 자유 중성자를 흡수한다. 핵분열 과정이 일어나는 동안 뜨거워진 물이 열 교환기를 거치면서 증기를 뿜어내고 이로써 터빈이 돌아가면서 전기가 만들어진다.

그럼 보랏빛은? 불꽃 방출 분광법은 다양한 샘플에서 미량 원소를 식별하는 중요한 도구이다. 미국 지질조사국 USGS의 라이언 앤더슨Ryan Anderson 박사는 화성 탐사선 큐리

오시티에 장착한 켐-캠이라는 장비에서 레이저를 방출해 화성 지형에 부딪혀 돌아오는 방출 스펙트럼으로 구성 요소를 분석한다. 이는 최대 7m 떨어진 곳에서도 $1mm^2$ 넓이의 땅에 레이저를 조사하거나, 고감도의 내장 카메라로 흙이나 바위 샘플을 다각도로 관찰할 수 있는 기능을 갖췄다. 앤더슨 박사는 방출 스펙트럼을 분석해서 해당 암석이 퇴적암인지 화성암인지 알아내거나, 화학 원소의 함량을 측정하고 결정 속 물 분자를 찾아내는 성과를 거두었다.

9장

환상적인
물리학

웜홀과 순간이동

★ 등장: 〈토르: 천둥의 신〉, 〈캡틴 아메리카: 퍼스트 어벤져〉, 〈어벤져스〉, 〈토르: 다크 월드〉, 〈어벤져스: 에이지 오브 울트론〉, 〈토르: 라그나로크〉, 〈어벤져스: 인피니티 워〉
★ 대상: 로키, 타노스, 레드 스컬(요한 슈미트), 헤임달
★ 과학 개념: 일반 상대성 이론, 아원자 입자

소개

기술이 발전하면서 이동 수단의 속도 역시 빨라졌다. 짧은 거리는 자동차, 나라와 나라를 오갈 때는 비행기를 타면 충분하다. 하지만 지구를 벗어나 다른 행성을 여행할 때는 이야기가 달라진다. 화성으로의 여행을 생각해보자. 화성과 지구의 정렬과 우주선의 속도에 따라 다르지만 아마 이동 기간만 100일에서 300일 정도 걸릴 것이다. (빛의 속도로 이동한다는 가정하에)가장 가까운 이웃 은하인 큰개자리 왜소은하로 휴가를 간다면 2만 5천 년 뒤에나 도착하게

된다. 만약 이 엄청난 거리를 순식간에 이동할 방법이 있다면 어떨까? 비프로스트를 소환하거나 스페이스 스톤을 손에 넣을 수 있다면?

줄거리

마블 시네마틱 유니버스에서 우주의 두 지점 사이를 순식간에 이동하는 방법은 웜홀, 비프로스트, 스페이스 스톤을 사용하는 것뿐이다. 헤임달의 호펀드나 토르의 스톰 브레이커처럼 우르로 만든 아스가르드 무기는 우주의 두 지점 사이를 잇는 비프로스트를 소환하는 능력이 있다. 〈어벤져스〉에서 로키는 테서렉트를 이용해 치타우리 군대 주둔지와 지구 사이를 연결하는 포탈을 열었다. 타노스는 테서렉트에서 얻은 스페이스 스톤을 인피니티 건틀릿에 장착해 지구, 보르미르, 타이탄으로 향하는 포탈을 열었다. 마지막으로 〈토르: 다크 월드〉에서 컨버전스 기간에 열리는 웜홀이나, 〈토르: 라그나로크〉에 등장하는 악마의 항문은 우주 이곳저곳을 여행하는 수단으로 사용된다.

마블의 과학

마블 시네마틱 유니버스에서 웜홀을 만드는 능력은 아

주 강력한 힘에 속한다. 아홉 왕국을 감시하는 헤임달은 이 능력을 비프로스트를 수호하고 아스가르드를 지키는 데 사용했다. 로키와 타노스가 사용한 스페이스 스톤 역시 우주선 없이도 우주를 마음대로 돌아다닐 수 있는 포탈을 만드는 능력이 있었다. 쉴드의 콜슨 요원과 브루스 배너는 순간이동 능력을 아인슈타인-로젠 다리에 비유해 설명했다. 그렇다면 악마의 항문, 비프로스트, 스페이스 스톤이 만든 포탈에서는 어떤 일이 벌어지는 걸까?

아인슈타인과 웜홀

웜홀의 존재는 알버트 아인슈타인이 발표한 일반 상대성 이론을 기반으로 설명할 수 있다. 구체적인 개념은 네이선 로젠Nathan Rosen이 1934~1936년 사이에 아인슈타인과 함께 중력장 방정식을 푸는 과정에서 유도된 것이다.

우리는 스톤이나 아스가르드의 무기가 블랙홀 형성 원리를 이용해 아인슈타인-로젠 다리를 만들어 낸다고 추측해볼 수 있다. 블랙홀은 거대한 별이 붕괴하고 남은 잔해에서 탄생하는 구체로 시공간이 강하게 집중되어 빛조차 빠져나가지 못하는 엄청난 중력을 만들어낸다. 블랙홀의 질량과 밀도, 그리고 아인슈타인의 일반 상대성 이론을 생각하면 순간이동 포탈은 주변의 시공간을 왜곡하면서 엄청난 밀도의 특이점을 만들거나, 웜홀의 경우 다른 시공간으로 통하는 통로를 형성하는 원리일 수 있다. 블랙홀의 출구는 화이트홀이라고 하며 물질이 빅뱅과 비슷한 방식으로 이동하며 빠져나간다. 하지만 이러한 웜홀은 아주 불안정하기 때문에 중력의 영향으로 생성 직후 붕괴하고 만다. 따라서 스페이스 스톤과 아스가르드의 우르 무기는 웜홀을 열기만 하는 것이 아니라 계속 유지할 수 있도록 힘을 가해주어야 한다. 어쩌면 음의 에너지를 가진 외계의 기묘한 물질이 블랙홀을 타고 흘러가면서 웜홀을 계속 열어두는 원리일 수도 있다. 이 물질의 힘이 웜홀을 닫으려는 중력보다 강하다면 웜홀을 계속 열어둘 수 있다. 아마 〈어벤져스〉에 등장하는 테서렉트나 스타크 타워 꼭대기에 흐르는 푸른빛 에너지 역시 같은 물질일 것이다.

지금까지 알려진 블랙홀의 대부분은 별의 붕괴로 형성됐다. 실제로 블랙홀을 만드는 일은 굉장히 위험하다. 우리는 별을 붕괴시키는 대신 양자 역학의 영역인 마이크로 블랙홀을 이용하는 방법을 택할 수 있다. 이 작은 블랙홀은 빅뱅 이후 초기 우주에서 등장한 존재인데, 부피는 작고 밀도는 높아서 국부적인 중력 붕괴를 유발한다. 별의 죽음에서 형성되는 종류가 아니므로 인간 세포만큼 작거나 타노스와 친구들이 걸어 들어갈 정도로 큰 크기도 존재할 수 있다.

실생활에서의 과학

아인슈타인-로젠 다리를 통과한다는 생각은 현재의 장비와 기술을 고려했을 때 실용성이 전혀 없다고 할 수 있다. 먼저 알맞은 크기의 블랙홀을 찾거나 만들 수 없으며, 닫히지 않게 막을 수도 없고, 제대로 통과한다는 보장 또한 없다. 그뿐만 아니라 이 개념은 어디까지나 이론일 뿐이다. 하지만 그렇다고 해서 시도하지 말라는 법은 없다. 그 전에 우선 해결해야 할 문제는 블랙홀이 사람의 목숨을 빼앗을 수 있다는 것이다. 사람이 블랙홀에 가까이 간다면 엄청난 중력에 의해 몸 전체가 아주 얇은 스파게티 면이 되어 버린다. 굉장히 무섭기는 하지만 이는 역발상으로 해결할 수 있을지도 모른다.

포르투갈 리스본대학교의 디에고 루비에라-가르시아 Diego Rubiera-Garcia 박사가 진행한 연구에서 블랙홀을 통과하는 안전한 수단으로 '노출 특이점'을 사용하자는 아이디어가 등장했다. 현재 우리는 사건의 지평선이 빛조차 탈출할 수 없는 중력 특이점을 감싸고 있기 때문에 블랙홀에 들어간 사람은 살아나올 수 없다고 추측하고 있다. 그러니 빛의 속도로 이동한다 한들 한 번 들어가면 돌아올 수 없다. 하지만 루비에라-가르시아 박사와 연구진은 우주가 5개, 혹은 그 이상의 차원으로 이루어져 있다면 노출 특이점이 존재할 수 있다고 주장했다. 노출 특이점은 사건의 지평선이 없는 중력 특이점인데, 실제로 존재한다면 사람이 스파게티화 현상을 겪지않고 통과할 수 있을 만큼 커다란 웜홀이 있을지도 모른다. 심지어 연구진은 물리나 화학 상호작용을 이용해 하나로 연결한 물체가 흩어지지 않고 웜홀을 통과할 수 있는지 알아보는 시뮬레이션까지 진행했다. 핵심만 말하자면, 중력 특이점은 물질을 웜홀 크기만큼 납작하게 짓누르고 무한의 심연에 도달하지 못하게 막을 것이다.

우리는 지구에서 웜홀의 특징을 구현하기 위해 가능한 모든 수단을 동원했다. 바르셀로나 자치대학교의 알바로 산체스Alvaro Sanchez 박사는 연구실 안에서 정자기 웜홀을 만들어 내는 데 성공했다. 흥분하지 말자! 아쉽게도 물질이 통과하지는 못했지만 자기장으로 웜홀과 비슷한 구조를 형성하는 데는 성공했다. 자석과 자성을 띤 메타 물질을 이용해 빈 곳에 마치 두 개의 자기 단극monopole이 존재하는 듯한 환경을 형성하는 원리다. 정자기 웜홀은 막대 자석의 중심이 자기 센서에 잡히지 않도록 한다. 물론 메타 물질 엄폐물은 맨눈에는 보이지만 자기장만 감지할 수 있는 안경을 낀다면 중간은 없고 끝만 있는 자기장을 관찰하게 된다. 시공간을 자유자재로 넘나들 수는 없지만 밝혀낸 웜홀의 특성이 어떻게 작용하는지 실험을 진행하거나, 자기장으로부터 중요한 물건을 보호하는 방법에 대해 알 수 있었다. 예를 들어 MRI는 아주 강력한 자기장으로 신체 내부를 관찰하지만 주변에 금속이 있으면 제대로 작동하지 않는다. 자성을 띤 메타 물질을 사용하면 이러한 불편함을 덜어줄 수 있다.

상전이

★ 등장: 〈어벤져스: 에이지 오브 울트론〉, 〈앤트맨〉, 〈캡
   틴 아메리카: 시빌 워〉, 〈어벤져스: 인피니티 워〉,
   〈앤트맨과 와스프〉
★ 대상: 고스트(에이바), 비전
★ 과학 개념: 양자 역학

소개

물질에 적용되는 물리 법칙은 물질의 크기에 따라 달라
진다. 한 변의 길이가 1㎞인 직사각형 형태의 물이 하늘에
서 바닥으로 떨어질 때와 한 변이 1㎜인 직사각형 모양 물
이 떨어질 때 벌어지는 일은 다르다. 마찬가지로 거시 세
계를 지배하는 법칙은 미시 세계에는 통하지 않는다. 예를
들어 지금 공을 잡아서 벽에 던진다면 반작용으로 공이 튕
겨 나왔다가 중력에 의해 땅에 떨어지리라 예측할 수 있
다. 하지만 아원자 수준에서는 벽을 향해 던진 공이 벽 너
머에서 나타날 가능성도 무시할 수 없다. 이러한 현상을

어떻게 설명할 수 있을까? 고스트나 비전이 벽을 통과하는 능력의 원리는 무엇일까?

줄거리

마블 시네마틱 유니버스의 비전과 고스트는 벽을 통과하는 능력이 있다. 비전은 자신의 밀도를 바꾸어서, 고스트는 양자 터널 효과를 이용한다. 비전은 〈캡틴 아메리카: 시빌 워〉에서 상전이 능력을 사용해 거대화한 앤트맨을 통과했으며, 〈어벤져스: 에이지 오브 울트론〉에서는 같은 능력을 응용해 울트론 군단을 꿰뚫어 파괴하는 모습을 보여주었다. 고스트는 〈앤트맨과 와스프〉에서 상전이 능력을 이용해 어떤 상황이라도 자유자재로 침입하고 탈출하는 암살자로 활약한다. 몸의 양자 파형을 조절하는 능력 덕분에 상대의 공격을 통과시켜 피해를 받지 않는다. 비전과 고스트는 문을 두드리거나 열고 들어올 필요가 없기 때문에 이들을 룸메이트로 삼는다면 아주 소름 돋는 경험을 하게 될 것이다.

마블의 과학

비전과 고스트의 상전이 능력을 이해하기 위해서는 아

원자 공간에서 물질이 어떻게 운동하는지 알아볼 필요가 있다. 우선 양자 역학의 일부인 파동 입자 이중성에 대해 짚고 넘어가자.

물질이 입자이면서 동시에 파동이 된다는 사실은 상상하기 어렵지만 양자 역학에서는 가능하다. 하지만 이러한 이중성은 물질의 크기가 커질수록 줄어든다. 〈앤트맨과 와스프〉에서 호프와 에이바가 처음 마주쳤던 장면을 떠올려 보자. 와스프는 돌려차기를 날리면서 발뒤꿈치로 고스트의 머리를 노린다. 공격에 성공한다면 뒤꿈치의 운동량(힘=질량×속도)을 고스트에게 전달할 수 있을 것이다. 하지만 와스프의 다리는 고스트의 머리를 통과해버리고 고스트는 갑자기 사라졌다. 이 현상은 원자나 아원자 단위에서 일어나는 양자 터널과 유사하다. 게다가 양자 터널이 더 큰 규모에서 일어나지 않으리라는 법도 없다.

양자 역학에서는 물질이 평소에는 흐릿한 중첩 상태에 있다가 관측하면 한 가지 상태로 결정된다고 가정한다. 물체가 특정 상태로 존재할 확률은 파동 함수로 표현할 수 있으며, 파동 함수는 드 브로이 파장(λ)에 의해 정의된다. 파장은 플랑크 상수를 입자의 운동량으로 나누면 계산할 수 있다. 파장이 짧을수록 위치가 분명해지고 불확정성은 낮아진다(와스프의 발차기). 반면 파장이 길수록 위치가 흐려지고 불확정성이 높아진다(고스트의 머리). 어쩌면 고스트의 상전이 능력은 몸의 물리학을 정의하는 변수를 조작해서 드 브로이 파장을 제어하는 방식일지도 모른다.

드 브로이 파동 함수

고스트와 와스프의 코스프레를 하고 싸우는 두 명의 일반인 사이에 적용되는 드 브로이 파동 함수는 다음과 같다.

λ = 플랑크 상수/운동량

$\lambda_{\text{고스트}}$ = (6.62607004×10^{-34} J·s)/(~56kg$_{\text{mass}}$×~0.05 m/s $_{\text{회피 속도}}$)

$\lambda_{\text{와스프}}$ = (6.62607004×10^{-34} J·s)/(~56kg$_{\text{mass}}$×~0.78 m/s $_{\text{발차기 속도}}$)

플랑크 상수는 입자가 가지는 아주 작은 양자화된 에너지 값을 의미한다. 파동 함수는 와스프와 고스트가 발차기의 파괴력이 전달되는 동안 같은 공간에 존재할 확률을 정의한다(고스트가 약간 더 높으나 무시해도 상관없다). 고스트가 자신의 드 브로이 파장을 길게 하고 싶다면 질량을 아원자 입자 수준으로 낮추거나 움직임을 거의 멈추어야 한다. 드 브로이 파동 함수의 변화는 〈앤트맨과 와스프〉 내 전투 장면에 많은 그림자가 나타나는 것으로 표현된다. 고스트가 전투에서 사용할 수 있을 수준의 불확실성을 갖추면 돌려차기 같은 장벽을 통과하는 능력은 훨씬 향상된다.

실생활에서의 과학

고스트가 자신의 질량을 아원자 입자 수준으로 줄이거나 움직임을 완전히 멈추지 못해 와스프의 발차기를 통과할 수 있을까? 물론이다. 슈뢰딩거 방정식으로 상전이 가능성을 계산해보자. 에르빈 슈뢰딩거Erwin Schrodinger는 1925년에 이 기본적인 방정식을 떠올린 덕분에 1933년 노벨 물리학상을 받았다. 어려운 미적분이 들어가 있어 이 책에서 완벽하게 다루지는 않겠다. 편도함수와 양자 역학을 더 자세히 알아보고 싶다면, 물리학 석사에 도전하는 것을 추천한다!

슈뢰딩거의 방정식

$P = e^{(-KL)}$ 로 단순화하면 슈뢰딩거 방정식의 해를 양자 터널 현상이 일어날 가능성으로 만들 수 있다. P는 확률, K는 파수, L은 장벽의 두께다. 일단 파장을 $K = \sqrt{\dfrac{2m(V-E)}{h^2}}$ 로 전개하고 시작하자.

m= 질량, V= 장벽의 퍼텐셜, E는 움직이는 물체의 에너지, h는 플랑크 상수이다.

$K = [\sqrt{(2(4.5kg_{머리}(\{4.5kg_{머리} \times 9.8m/s^2_{중력} \times 1.67m_{신장}\} - \{\dfrac{1}{2} 1.36kg_{발} \times 0.78m/s_{속도}^2\})}] / (6.62607004 \times J \cdot s)$ 플랑크상수^2

$K = 2.869402 \times 10^{44}$

정지한 물체와 움직이는 물체 사이의 질량과 에너지 차이가 크므로 $e^{(-KL)}$에 대입한다.

와스프의 발 두께를 0.05m로 가정했을 때,

$P = e^{(-(2.869402 \times 10^{44})(0.05))}$

$P = e^{-(2.869402 \times 10^{43})}$

$P = (0이라고 해도 좋은 값)$

정리하자면 고스트가 와스프의 발차기를 통과할 가능성은 아주 낮다. 그렇다고 아주 불가능한 것은 아니지만 현실적으로 따져 보자면 차라리 평생 매일 복권에 당첨될 확률이 더 높다.

지금까지의 사고 실험을 통해 우리 우주에서 일어나는 양자 현상을 보다 작은 규모에서 생각할 필요가 있다는 사실을 깨달았다. 이렇게 보면 양자 터널은 꽤 흔한 현상이다. 이는 태양이 빛을 낼 때도 일어난다. 태양의 핵 한가운데에서는 수소가 융합하여 헬륨을 생성하고, 헬륨은 다시 융합하여 더 무거운 원소를 생성하는 과정이 반복된다(8장 파워 스톤과 핵분열 참조). 하지만 지구에서 핵융합을 만들어 내려면 태양의 핵에서보다 더 많은 에너지가 필요하다. 수소 원자 사이 거리를 좁히면 서로 밀어내는 힘이 발생한다. 이 반발력을 누르려면 태양은 더 많은 에너지를 투자해야 한다. 가장 효율적인 방식은 양자 터널 현상을 이용해 원자가 중수소로 융합하도록 하는 것이다. 양자 터널 현상은 자주 일어나지 않는 편이지만 태양의 엄청난 수소량과 태양이 얼마나 오랫동안 타올랐는지(46억 3백만 년) 생각하면 태양이 빛을 내는 이유가 양자 터널 현상 덕분이라는 사실에는 논란의 여지가 없다. 양자 터널은 태양의 원자 상호작용부터 시작해서 실리콘 트랜지스터의 작동 원리까지 다양한 분야에서 찾아볼 수 있다.

양자 영역

★ 등장: 〈앤트맨〉, 〈앤트맨과 와스프〉
★ 대상: 앤트맨(스콧 랭/행크 핌), 와스프(호프 반다인/재닛
　　　 반 다인)
★ 과학 개념: 양자 역학, 다중 우주론

소개

　인간은 정해진 틀 안에서 우주를 바라보게 된다. 우리의
잘못은 아니다. 단지 진화의 결과일 뿐이다. 특정 파장의
전자기 복사만 보도록, 일정 크기가 되면 성장을 멈추도
록, 어느 정도 나이가 들면 죽도록 진화의 방향을 잡았기
때문이다. 시간이 지나면서 인간은 우주에 존재하는 행성,
별, 은하 단위까지 생각을 확장할 정도로 성장했으며, 눈
에 보이지 않는 세계까지 사고의 범위를 넓혔다. 대왕 고
래부터 미생물까지, 모든 생명체의 존재를 이해하기 시작
한 것이다. 더 깊게 파고들면서 아인슈타인의 말마따나 양

자 역학의 '으스스한 현상'까지 만나게 되었다. 이쯤 해서 궁금증이 생긴다. 〈앤트맨〉처럼 작은 영웅에게는 양자 세계가 어떻게 보일까?

줄거리

〈앤트맨〉, 〈앤트맨과 와스프〉에 등장하는 핌 입자를 사용하면 양자 영역으로 들어갈 수 있다. 하지만 양자 영역에 접근하려면 대상의 크기를 줄이면서 위험천만한 과정을 거쳐야 한다. 크기가 조금 작아진다고 해서 세상을 지각하는 방식이 바뀌지는 않는다(〈앤트맨과 와스프〉에서 꼬마가 된 스콧 랭처럼). 하지만 스콧과 행크의 경우처럼 원자만큼 작아지면 작은 곤충, 부드러운 물체의 거친 표면, 단세포 생물, 원자, 아원자 공간이 보이기 시작한다. 계속해서 작아지면 양자 영역으로 들어가게 되는데, 처음에는 수많은 자기 자신의 반사체가 보이다가 결국 희미한 불빛만 존재하는 어두운 공허 속으로 빠지게 된다.

마블의 과학

마블 시네마틱 유니버스에서 양자 영역으로 향하기 위해서는 밀폐형 앤트맨 슈트 속에서 순환하는 핌 입자의 동력이 필요하다. 양자 영역은 스콧이 옐로재킷 슈트의 티타늄 금속 결합을 뚫고 들어갈 때 처음 나타난다. 〈앤트맨과 와스프〉에서 행크 핌은 양자 차량을 줄이다가 아주 작은 물곰에게 잡아먹힐 위기에 처한다. 물곰의 크기가 10^{-4}m라는 사실을 고려하면, 행크가 일반적인 세포의 크기$(\sim 10^{-5}$m$)$보다 작아졌다는 것을 알 수 있다. 이후 스콧과 행크는 10^{-7}m 크기의 박테리아를 관찰할 수 있을 정도로 줄어든다. 만약 600~700㎚ 이하로 줄어들면 노란색, 초록색, 파란색을 볼 수 없으며, 400㎚ 이하로 줄어들면 모든 세상이 어둡게 보인다. 이러한 어둠의 세계에 접어들었다는 것은 박테리아$(10^{-9}$m$)$와 크기가 같아졌다는 뜻으로, DNA나 단백질 같은 생체 거대 분자의 원자와 결합을 관찰할 수 있다.

스콧과 행크가 원자 크기$(10^{-10}$m$)$에 가까워지면 삼차원 프랙털 형태로 붕괴하면서 양자 영역으로 들어간다. (프랙털은 영원히 반복되는 수학 패턴이다.) 이 장면은 굉장히 흥미롭다. 마치 마블 시네마틱 유니버스가 관객에게 움직이는 프랙털 도형을 경험하는 기회를 주며 더불어 프랙털 우주론을 소개하려는 의도처럼 보인다. 프랙털 우주론은 우리의 우주가 다른 우주의 가장 작은 입자 속 아원자 공간에 존재하며, 그 우주는 또 다른 우주의 일부라는 이론이다.

양자 영역으로 들어간 뒤 스콧과 행크는 말 그대로 정신이 나간다. 입자는 물리 법칙을 따르지 않으며 확률로써 존재한다. 거시적인 수준에서 관찰할 때까지 행크와 스콧은 파동 함수의 형태로 모든 시간과 공간에 존재할 수 있다. 이를 '양자 중첩'이라고 하는데 영화에서는 행크가 양자 차량에서 내려 재닛 반 다인을 찾을 때 양자 그림자가 계속 나타났다가 사라지는 모습으로 이를 표현했다. 양자 영역에서 너무 많은 시간을 보내거나 핌 입자를 너무 자주 사용하면 양자 중첩 현상 때문에 정신을 놓거나 자신을 잃어버릴 위험이 있다.

스콧이 양자 영역에 빠지면 재닛 반 다인과 상호 작용할 수 있으며 양자 얽힘이 일어나 시간과 공간을 가로질러 둘의 정신이 이어진다. 이는 아원자 공간 내의 상호 작용으로 특정 입자의 양자 상태가 이어질 수 있다는 사실을 의미한다. 보통 다른 양자 스핀을 가진 광자나 전자에 해당되는 이야기지만 핌 입자를 사용하면 인간의 뇌 역시 연결할 수 있는 것 같다. 재닛과 스콧이 아원자 상태로 양자 영역에서 만났던 당시 일어난 상호 작용으로 재닛의 생각이 스콧의 신경 처리 과정과 얽힌 것이다. 덕분에 재닛은 스콧을 매개로 행크 부녀와 이야기를 나눌 수 있었다.

하지만 물리학 법칙을 거스르는 핌 입자는 현실에 존재하지 않는다. 우리는 제곱-세제곱 법칙의 제약을 받기 때문이다. 다시 말해 어떤 물체의 크기를 크게 키우면 표면적보다 부피의 커지는 비율이 훨씬 크다. 반대로 물체가 줄어들면 표면적보다 부피가 훨씬 적게 줄어들면서 밀도가 굉장히 높아진다(스콧이 원래 몸무게를 유지한다는 가정하에). 그렇다면 스콧이 양자 영역에 들어가기 전에 몸의 원자가 융합해서 핵반응이 일어날 것이다(8장 파워 스톤과 핵분열 참조). 자신의 몸무게보다 훨씬 무거운 짐을 들어 올리는 동물도 이 물리 법칙으로 설명할 수 있다(2장 거대 개미 참조). 하지만 프랙털 우주와 양자 영역으로 들어갈 때 생기는 으스스한 효과는 어떻게 설명할 수 있을까?

안드레이 린데Andrei Linde 박사는 우주는 앞으로 영원히 팽창을 멈추지 않을 것이라고 주장하면서 프랙털 우주론을 처음 제안했다. 하지만 최근 한 변의 길이가 30억 광년인 정육면체 범위에 있는 약 20만 개의 은하를 조사한 결과는 달랐다. 행크와 스콧은 우주의 작은 면을 들여다보았지만 국제 전파 천문학 연구센터의 모라그 스크림저Morag Scrimgeour와 동료들은 더 큰 우주를 관찰했다. 이들은

'WiggleZ 암흑 에너지 조사'라는 이름의 연구에서 얻은 데이터로 물질이 우주에 균일하게 분포하고 있다는 사실을 알아냈다. 만약 우리가 사는 우주가 프랙털 구조라면 균일한 우주를 설명할 수 없다. 프랙털 우주론이 사실이라면 아인슈타인의 상대성 이론을 수정하고 암흑 물질과 에너지에 대한 개념도 전부 바꿔야 하므로 스크림저의 연구 결과는 아주 좋은 소식이라고 할 수 있다.

그렇다면 양자 중첩은 어떻게 설명할까? 이 부분은 에드빈 슈뢰딩거가 불쌍한 가상의 고양이를 데리고 진행한 사고 실험으로 이미 증명된 바 있다.

슈뢰딩거의 고양이

1935년, 오스트리아인 물리학자 에르빈 슈뢰딩거는 다음과 같은 질문을 던졌다. 방사능 붕괴로 말미암아 깨질 확률이 50%인 독병이 든 상자에 고양이를 넣고 문을 닫으면 고양이는 죽을까? 살까? 알 수 있는 유일한 방법은 상자를 열어 직접 보는 것이다. 하지만 상자를 열기 전 고양이는 죽은 것도, 산 것도 아닌 중첩 상태에 있다. 이러한 현상을 양자 중첩이라고 한다.

양자 중첩은 양자 물체의 상태를 파동 함수의 확률로 정의한다. 양자 물체가 관측되면 파동 함수는 하나의 상태로 붕괴한다. 이러한 성질을 이용하면 두 입자가 서로의 상태에 영향을 받도록 할 수 있다. 다시 말해 한 입자의 상태를 확인하면 다른 입자의 상태도 즉시 알 수 있다. 양자 얽힘은 보통 서로 다른 스핀을 가지는 광자로 측정하는데, 엄청나게 먼 거리에서 스핀 정보를 전송하는 실험에도 성공한 바 있다. 중국 과학기술대학교의 주안 인Juan Yin 박사가 이끄는 연구진은 1,203km 거리에서 광자의 양자 얽힘 시연에 성공했다. 묵자 위성을 사용해서 진행한 이 실험이 다음 세대의 암호 통신 기반을 마련해줄지도 모른다. 하지만 양자 얽힘에 대한 현재의 이해 수준으로는 정보를 보내는 메신저로 양자 상태를 사용할 수밖에 없다. 정확하게 말해 얽혀 있는 두 양자를 양쪽에서 모두 관측해야 정보를 읽을 수 있다는 뜻이다. 따라서 이러한 방식의 통신을 제대로 사용하려면 검사가 필요 없는 양자 컴퓨터 언어가 필요하다. 그렇지 않다면 필연적으로 성능 저하가 발생할 것이다.

웹 윙

★ 등장: 〈스파이더맨: 홈커밍〉
★ 대상: 스파이더맨(피터 파커)
★ 과학 개념: 공기 역학

소개

몇몇 동물들은 하늘을 날 수 있도록 진화했다. 새와 박쥐는 팔을 변형하여, 일부 곤충은 가슴 외골격을 크게 키워 날개를 만들었다. 인간은 동물이 가진 날개의 형태와 기능을 참고해서 비행기를 발명했다. 하지만 비행이 언제나 우아했던 것은 아니다. 날개 달린 짐승의 초기 형태를 보면 날갯짓보다는 활공하는 형태로 비행했다는 사실을 짐작할 수 있다. 그렇다면 비행에 관련된 신체 구조는 어떻게 진화했을까? 어떤 방식으로 공기의 흐름을 자유자재로 바꿔 양력을 일으키고 먼 거리를 날아가는 걸까? 동물이 나는 방식을 이해하면 사람도 하늘을 날 수 있을까? 그렇다면 거미나 스파이더맨도 날 수 있을까?

줄거리

스파이더맨 판권을 넘겨받은 마블은 마블 시네마틱 유니버스에서 세 번째로 리부트한 스파이더맨을 공개했다. 캐릭터의 많은 부분이 달라졌다. 예전보다 어려졌고, 전투에서의 민첩성을 강조했으며, 최초로 출연한 마블 만화책 《어메이징 판타지 #15》에서 입었던 의상을 입었다. 새로운 슈트에는 눈의 크기를 바꾸는 기능과 팔꿈치에서 허리까지 이어지는 웹 윙이 장착되었다. 〈스파이더맨: 홈커밍〉에서 스파이더맨은 추락하는 엘리베이터에 갇힌 친구들을 구하기 위해 웹 윙을 활용해 위험천만한 도약을 선보인다. 이 장면에서 스파이더맨은 워싱턴 기념비 꼭대기로 기어 올라간 다음, 뒤로 공중제비를 돌며 날개를 펴 경찰 헬기 위를 활공하고 헬기에 거미줄을 쏴서 웹 스윙으로 10cm 두께의 방탄유리를 뚫었다.

마블의 과학

스파이더맨은 거미줄을 쏴서 빌딩 사이를 시계추처럼

이동하는 방식으로 순식간에 먼 거리를 이동하며, 대부분의 시간을 뉴욕 상공을 휘젓고 다니면서 보낸다. 새로운 슈트를 얻고 나서는 거미줄을 붙이거나 손으로 잡을 지형지물이 없는 상황에서 웹 윙을 활용하는 모습을 보여준다. 워싱턴 기념비 구출 사건에서는 웹 윙을 활용한 단거리 활공으로 방탄유리를 깨는데 필요한 운동 에너지를 얻었다. 스파이더맨의 웹 스윙은 거미줄 액체를 소모하며 시계추 운동 도중 위로 올라가는 구간에서는 속도가 느려진다는 단점이 있다. 뉴욕을 누비며 범죄자를 감시할 때는 효과적일지도 모르나 최대한 빨리 먼 거리를 이동하는 상황에서는 도움이 되지 않는다. 반면 웹 윙은 자유자재로 낙하와 활공을 반복하면서 먼 거리를 빠른 속도로 이동할 수 있다(돌진력 역시 훨씬 강력하다!).

그렇다면 웹 윙을 이용해 뉴욕 하늘을 활공하는 원리는 무엇일까? 스파이더맨이 비행할 때 비행 방향의 반대로 부는 바람을 '상대풍', 웹 윙이 상대풍을 받는 각도를 '받음각'이라고 부른다. 스파이더맨이 받음각을 낮추면 항력이 약해지면서 속력이 빨라진다. 받음각을 높이면 항력이 강해지고 속력이 느려진다. 받음각과 비행경로는 시위선, 피치, 비행경로 각과 같은 변수에 따라 달라진다. 시위선은 웹 윙의 앞전과 뒷전을 잇는 선이며, 피치는 수평선에 대한 몸체의 각이다. 따라서 스파이더맨이 몸을 세로로 세우고 활공할 때는 피치각은 +90°, 받음각은 0°로 맞춘다. 몸을 수평면에 평행하게 두고 자유 낙하할 때의 피치각은 0°, 받음각은 +90°로 둔다. 마지막으로, 비행경로 각은 지면과 비행경로 사이의 각으로 이동 방향을 결정한다. 스파이더맨의 받음각은 상대풍이 시위선에 충돌하면서 변하며 피치각에도 작은 변화가 생긴다.

활공 시 하강 높이와 비행 거리의 비를 '활공비'라고 하는데, 거의 모든 윙슈트의 활공비는 2.5이다. 스파이더맨이 381m 높이의 엠파이어스테이트 빌딩에서 급강하하며 154m 떨어진 벌처의 위치에 도착하려면 비행경로 각을 -45°로 설정하고 받음각을 낮추면서 활공해야 한다. 낙하하는 동안 피치각은 지평선에서 -30°, 받음각은 +25°로 맞추면 들어오는 기류가 웹 윙에 부딪히면서 양력이 발생해 154m를 활공할 수 있을 것이다.

실생활에서의 과학

스타크 인더스트리는 수십억을 투자한 스파이더맨 슈트로 인류를 지키지만 우리는 윙슈트를 스포츠에 사용한다. 윙슈팅은 1999년까지는 최초의 공식 판매자(버드맨 인터내셔널)가 제작한 브랜드를 상품화하고 훈련 프로그램을 시작하기 전까지 아는 사람만 아는 스포츠였다. 위험천만한 윙슈팅에 지원하려면 최소 200번의 스카이다이빙을 마쳐야 했다. 2012년 BASE(건물, 안테나, 교량, 지면) 점프에서 중상을 입은 사례를 조사한 연구에 따르면 이러한 안전 예방 조치를 해도 훈련 횟수가 늘어날수록 중상을 입을 확률이 급속히 증가하는 것으로 나타났다. 조사한 BASE 점프 집단의 72%가 사망이나 중상을 목격했다고 답했다.

날다람쥐

인간 역시 수트를 입으면 하늘을 날 수 있지만(어리석은 짓이기는 하다) 글라이더처럼 활공하도록 진화한 동물도 있다. 북아메리카 날다람쥐와 호주의 슈가 글라이더는 얇은 피부막을 활용해 빽빽한 숲 위를 날아다닌다. 날다람쥐는 약 90m를 활공하는 것으로 알려져 있으며, 슈가 글라이더는 약 50m까지 날아서 이동할 수 있다.

주제가 스파이더맨의 활공이니만큼 날아다니는 거미에 대해 이야기해보는 건 어떨까? 스미소니언 열대연구소의 로버트 더들리Robert Dudley 박사가 이끄는 연구진은 겹거미 중 일부가 하늘을 난다는 사실을 밝혀냈다. 파나마와 페루에 서식하는 59마리의 거미를 나무 꼭대기에서 떨어뜨리자 93%의 거미가 안전한 착륙을 위해 추락 방향을 바꿨다. 이 거미 종은 몸을 납작하게 진화시키고 앞쪽 다리를 앞으로 쭉 내미는 방식을 통해 원하는 곳에 떨어진다. 이러한 방향의 진화는 수목 환경에서 추락하더라도 목숨을 보전하기 위해 강한 자연 선택이 작용했음을 시사한다. 그러니 거미 한 마리가 당신의 머리에 떨어진다고 해도 공격하려는 목적이 아니라 단순히 자신이 다치지 않기 위함이니 안심하기 바란다.

위에서 떨어지는 거미가 마음에 들지 않는다면 아래에서 위로 날아오르는 거미 이야기를 해보자. 잉글랜드 브리스틀대학교의 에리카 몰리Erica Morely 박사가 이끄는 연구진은 대기 정전기력을 활용해 열기구를 탄 것처럼 먼 거리를 이동하는 거미를 발견했다. 이 거미는 복부에서 허공으로 거미줄을 쏘는 방식으로 양력을 만들었다. 처음에 그들은 거미가 바람을 이용해 난다고 생각했다. 하지만 거미의 활강은 주로 바람이 잔잔한 날 나타났다. 몰리의 연구진은 대기 정전기력이 실제로 비행에 영향을 주는지 알아보기 위해 공기의 흐름과 정전기를 제어할 수 있는 공간에 거미를 가두었다. 거미의 비행을 관찰한 장소에서 측정한 세기와 비슷한 정전기력을 일으켰더니 거미는 발끝으로 걸으면서 배를 들어 올리다가 하늘을 떠다니기 시작했다. 활강을 시작하면 전기장을 끄거나 켜서 거미를 떨어뜨리거나 띄울 수 있었다. 또한, 전류를 흘렸을 때 외골격의 감각모가 일어서는 모습으로 보아 거미에게는 전류를 감지하는 능력이 있고, 이를 이용해 비행하는 것으로 추측하고 있다(《어벤져스: 인피니티 워》에서 피터 파커가 보지 않고도 타노스의 비행선이 뉴욕에 도착한 것을 알아차리는 장면을 떠올려 보자).

아가모토의 눈

★ 등장: 〈닥터 스트레인지〉, 〈토르: 라그나로크〉, 〈어벤져
  스: 인피니티 워〉
★ 대상: 닥터 스트레인지(스티븐 스트레인지), 타노스
★ 과학 개념: 시간성 폐곡선, 일반 상대성 이론, 시간

소개

　인간은 초, 분, 시, 일, 년 등의 단위를 사용해 시간을 측
정한다. 시간은 우리의 삶에서 아주 중요한 개념이기도 하
다. 우리는 지각하지 못하지만 시간은 사실 상대적이며 같
은 우주에 있어도 시간이 흐르는 속도가 다를 수 있다. 같
은 시간이라도 사람마다 다르게 느껴질 수 있다. 1시간짜
리 대학교 강의를 예로 들어보자. 좋아하는 주제를 가지고
떠드는 교수는 이 시간이 30분처럼, 전혀 관심 없는 학생
들은 5시간처럼 느껴진다. 그렇다면 상대적인 시간을 정
확히 측정하려면 어떻게 해야 할까? 시공간을 구부리는

중력과 같은 요소는 어떻게 계산하면 좋을까? 시간을 이해할 수 있다면 시간여행을 떠날 수 있을까?

줄거리

〈닥터 스트레인지〉에 등장하는 아가모토의 눈은 최초의 소서러 슈프림이 만들어낸 강력한 마법 유물이다. 타임 스톤을 보호하고 있으며 사용자는 마법으로 시간의 흐름을 다스릴 수 있다. 아가모토의 눈을 사용하는 첫 장면은 스트레인지가 베어 문 사과의 시간을 되돌리는 부분이다. 재미있게도 아가모토의 눈의 힘은 주변 환경과 무관하게 사용 대상의 시공간에만 영향을 미친다. 아가모토의 눈은 여러 개의 시간 흐름을 만들어 자연의 질서를 어지럽히기 때문에 조심스럽게 사용해야 한다. 스트레인지 역시 도르마무나 타노스와의 전투같은 불가피한 상황에서만 아가모토의 눈을 사용한다.

마블의 과학

〈닥터 스트레인지〉의 결말 부분에서 웡과 스트레인지는 누구도 아가모토의 눈을 가질 수 없다는 결론을 내린다. 스톤의 힘을 정확히 알 수 없었기 때문에 신중을 가하여 자연스러운 시간 흐름을 방해하는 것을 예방하려는 목적이었을 것이다. 우리가 알고 있는 또 다른 타임라인과 대체 현실에 대한 개념은 스트레인지가 현실과 멀티버스를 제어하는 능력과도 들어맞는 것처럼 보인다. 하지만 아가모토의 눈에서 나오는 힘은 사용하는 순간의 물리적 공간에 제약을 받는 듯하다. 스트레인지와 도르마무의 거래 장면을 보자. 스트레인지는 도르마무와 이야기하는 순간을 계속 되돌린다. 이게 뭐가 중요하냐고?

아가모토의 눈을 사용하는 방법은 다양하지만 기존의 타임라인은 그대로 이어진다. 다시 말해 시간 여행 중에 일어난 변화나 상호 작용은 전부 존재하는 일이 된다는 것이다. 타임라인이 끊어지는 일을 막는 가장 합리적인 방법은 시간을 자유롭게 주무르되 공간은 제약하는 것이다. 〈어벤져스: 인피니티 워〉에서 스트레인지가 아가모토의 눈을 사용해서 미래를 관찰할 때 장소를 크게 벗어나지 않는 것처럼 보이는 이유도 여기에 있다. 어쩌면 타임 스톤은 시간성 폐곡선CTC을 현재의 시공간에 형성하는 원리일지도 모른다(마블 세계관에서는 항성을 공전하며 자전하는 행성에서도 시공간이 정지할 수 있다고 가정하자).

시간성 폐곡선은 아가모토의 눈을 사용하는 스트레인

지를 4차원 시공간에서 바라본다. 스트레인지가 따라가는 세계선은 공간(뉴욕 생텀 속 x,y,z 좌표로 정의하는 위치)과 시간을 이어주는 개념이다(X,Y,Z생텀 → X,Y,Z타노스의 함선 → X,Y,Z타이탄). 다시 말해 시공간을 한 방향으로 가로지르는 움직임을 정의한다(시간은 앞으로 흐른다). 하지만 아가모토의 눈이 엄청나게 거대한 중력장을 만들어 낸다면 초록색 빛의 영역에서 주변 시공간의 곡률을 왜곡할 수 있다. 아인슈타인이 일반 상대성 이론에서 예측한 대로 강한 중력이 발생하면 시공간이 뒤틀리는 좌표계 이끌림 현상을 유발한다. 그렇다면 스트레인지는 좌표계 이끌림을 유도하면서 우리의 비정적 우주를 그대로 유지할 수 있다(아마 스트레인지가 미래를 예지하는 동안 경련하는 이유도 여기에 있는 것 같다). 타임 스톤이 만들어내는 시간 왜곡 속에서 중력은 시공간을 구부려 14,000,605번 미래로 향했다가 현재로 돌아올 수 있는 시간성 폐곡선을 만들어 냈을 것이다. 그렇다면 원하는 결과가 나타나는 시나리오를 보기 전까지 일어날 수 있는 모든 경우의 수를 경험할 수 있을지도 모른다. 엄밀히 말하면 스트레인지는 시공간 여행자인 셈이다.

시간 여행 개념에는 몇 가지 모순이 있는데 대표적인 예시가 '할아버지 역설'이다. 시간을 거슬러 자신이 태어나기도 전의 시간대에서 할아버지를 죽인다면 본인은 애초에 태어날 수가 없으니 할아버지를 죽일 수도 없어진다는 것이다. 할아버지 역설은 시간 여행의 가능성을 없애는 대신 시간 여행을 훨씬 이해하기 어려운 현상으로 만들었다. 어느 정도 가능성이 있는 주장 중 하나는 시간의 흐름을 상대적으로 빠르게 혹은 느리게 만들자는 것이다. 아인슈타인은 일반 상대성 이론과 특수 상대성 이론을 내놓으면서 우주가 따라야 할 물리 법칙 체계를 같이 만들었다. 여기에는 시간 지연으로 알려진 현상이 있는데 이를 이용하면 미래로 가는 시간 여행이 가능할 수 있다.

물체를 빛의 속도(c)까지 가속하면 시간 지연이 발생한다. 일반 상대성 이론에서 빛보다 빠르게 움직이는 것은 없다. 움직이는 열차 내부에서 공을 던지면 공의 속도는 열차와 공의 속도를 합한 값이 된다. 하지만 열차 안에서 손전등을 켜도 빛의 속도는 변하지 않는다. 열차가 아무리 빨리 달려도 마찬가지이다. 빛보다 빠른 것이 존재하지 않는다면 빛의 속도에 가깝게 가속하는 물체는 시간 지연 현상으로 말미암아 정지한 물체와 다른 시간을 경험할 것이다.

가장 먼저 시간 지연을 실험으로 증명한 사람은 리처드 키팅Richard Keating과 조지프 하펠레Joseph Hafele이다. 이들은 똑같이 맞춘 시계 중 일부는 육지에, 일부는 비행기에 싣고 지구를 두 바퀴 돈 다음 비교하는 방식을 사용했다. 시차는 하늘에서 빠른 속도로 이동한 시계에서 가장 크게 나타났으며, 아인슈타인의 이론대로 이동 방향에 따라서도 차이가 나타났다. 지구를 공전하는 인공위성과 국제 우주 정거장의 우주 비행사에게서도 같은 현상을 관찰할 수 있다. 우리와 비교했을 때 우주의 물체는 훨씬 빠르게 움직이니 당연히 빛의 속도에 더 가깝다고 할 수 있다(아주 약간 이지만).

시간성 폐곡선이 할아버지 역설 같은 반대 이론을 뒤집을 수 있다는 증거가 있을까? 아원자 입자의 가장 작은 공간이라면 가능할지 모르겠다. 양자 역학에서 알 수 있듯이 미시 세계로 넘어가면 평소와 다른 법칙이 작용한다(9장 상전이 참조). 부분적으로는 아주 작은 입자의 세계에서는 입자가 확률의 파동에 의해 정의되며, 입자의 크기가 커질수록 불확정성이 극히 낮아지기 때문이다. 이 개념은 1991년

데이비드 도이치David Deutsch가 제안한 아인슈타인 중력장 방정식에 대한 가설로 공식화되었다. 그는 양자 수준에서 입자는 자기 일관성 원리를 따른다고 주장했다. 시간 여행에서 해야 했던 사건을 유도하는 일반적인 타임 루프와 비슷한 개념이다.

편광

도이치의 이론은 호주 퀸즈랜드대학교의 팀 랠프Tim Ralph 박사가 증명한 바 있다. 랠프 박사는 시뮬레이션에서 한 쌍의 편광된 광자를 시간성 폐곡선으로 통과시켜 자신을 만들어 낸 기계의 스위치를 내리면서 다시 튀어나오게 만들었다. 편광 시킨 이유는 시간성 폐곡선을 통과한 광자를 구별하기 위함이다. 연구진은 다시 나타난 광자가 원래 기계에 들어갔던 광자와 같다는 사실을 확인할 수 있었다.

10장

눈길을 사로잡는
첨단 기술

아이언맨의 동력로

★ 등장: 〈아이언맨〉, 〈아이언맨 2〉, 〈어벤져스〉, 〈아이언 맨 3〉, 〈어벤져스: 에이지 오브 울트론〉, 〈어벤져 스: 인피니티 워〉
★ 대상: 아이언맨(토니 스타크)
★ 과학 개념: 융합

소개

콘센트에 플러그를 꽂으면 변압기, 송전선, 발전소를 타고 흐르는 도시의 전력망에 연결할 수 있다. 우리는 보통 전위를 가진 전류의 형태로 전기 에너지를 사용한다. 전기 에너지는 태양열, 핵융합, 수력 발전, 지력 등 다양한 방법으로 생산되고 있다. 전기 에너지를 발전하고 저장하는 원리를 이해한다면 손바닥에 장착하여 8기가줄의 에너지를 공급하는 배터리를 실제로 구현할 수 있을까? 그 전에, 아이언맨 슈트의 동력원을 가슴 근처에 안전하게 이식할 방법을 찾을 수 있을까?

〈아이언맨〉에서 테러리스트들은 토니 스타크를 납치해 가둔 후, 낡은 미사일 부품에서 뜯어낸 고철 더미와 전자 부품으로 제리코 미사일을 만들 것을 지시한다. 토니는 미사일을 만드는 대신 고철에서 모은 팔라듐을 녹여 고리 모양으로 굳힌 다음 전선으로 감싸 첫 번째 아이언맨 슈트의 동력원이 될 미니 아크 원자로를 만든다. 〈아이언맨 2〉에서는 아버지의 테서렉트 연구 자료를 참고해 더 많은 에너지를 발전하는 새로운 동력원을 발명한다. 하지만 원자력을 자유자재로 다룰 줄 아는 사람은 토니뿐만이 아니다.

마블의 과학

토니는 아크 원자로가 무기로 사용되거나, 좋지 않은 목적으로 사용하려는 세력에 넘어가지 않도록 기술을 아무에게도 공개하지 않았다. 하지만 몇 가지 단서를 통해 설계 원리를 추측할 수 있다. 먼저 〈아이언맨〉에서 토니와 잉센 박사가 나눈 대화를 살펴보자. 잉센은 토니의 가슴에 박아 넣은 아크 원자로가 파편이 심장 쪽으로 파고들지 못하게 방지하는 전자석처럼 작용한다고 말했다. 아크 원자로에 토로이드(도넛 모양 코일)가 있는 이유를 여기서 알 수 있다. 토로이드에 전류를 흘려서 강력한 전기장을 만들어 파편 조각을 끌어당겨야 하기 때문이다. 다시 말해 코어에서 에너지를 계속 당겨쓰면서 전자석을 언제나 켜놓아야 한다는 뜻이다. 사실 전력 발전을 직접 규제한다기보다는 부상 후유증을 줄이는 용도에 가깝다.

토니는 아크 원자로에서 바로 전기 에너지를 얻는 것처럼 보인다. 보통은 다른 형태의 에너지를 전기 에너지로 전환하는 과정을 거친다. 수력 발전의 경우 댐에서 떨어지는 물의 위치 에너지를 사용해 터빈을 돌리는 방식으로 구리 코일 주변의 자석을 회전시키면서 전기 에너지를 만든다. 엄청난 공간을 차지하지도, 높은 열을 사용하지도 않는 것으로 보아 아크 원자로는 베타 붕괴 원리를 이용한다고 추측할 수 있다.

노심 중심부의 원소는 베타 전지 같은 역할을 하는데, 바로 전기 부하를 줄 수 있도록 전자를 자유롭게 풀어준다. 보통은 트리튬^{3}H 같은 동위 원소를 사용하는데 팔라듐^{107}Pd으로 대체하면 작업이 더 편하다. 팔라듐이 붕괴하면 중성자 하나를 잃고 은^{107}Ag이 되어 전자 하나를 방출하며 전력을 공급한다. 화려한 걸 좋아한다면 베타 붕괴가 일어나는 격납 용기에 인광 물질을 칠해서 파란색으로 발광하게 할 수는 있다(별 의미는 없다).

　토니는 두 번째 아크 원자로를 개발하면서 기존의 베타 전지와 토로이드를 아버지인 하워드가 테서렉트를 연구하면서 발견한 새로운 원소로 교환한다. DIY 입자 가속기를 집에 설치한 이유도 이 원소를 만들기 위해서이다. 원형 입자 가속기는 새로운 원소나 동위원소를 만드는 작업에 필요한 아원자 입자(전자 혹은 양성자)나 원소를 생성했다. 토니가 무슨 입자를 재료로 썼는지는 몰라도, 입자 가속기의 진공으로 들어가 전자석의 힘으로 가속된 것은 분명하다. 전자석 사이에는 전기장이 원형 가속기를 따라 흐르면서 입자를 모은다. 많은 과학자가 원형 가속기 경로에 목표 물질을 가져다 댈 때 만반의 주의를 기울이지만 토니는 그냥 집에서 레버를 돌려 빔을 금속 삼각형에 향하게 만드는 식으로 신원소를 집어넣었다. 새로운 원소는 아이언맨 슈트에 엄청난 동력을 제공하며, 팔라듐^{107}Pd과 마찬가지로 베타 붕괴 과정이 일어나므로 독성은 줄이면서 슈트의 기능을 변함없이 사용할 수 있다.

실생활에서의 과학

　현실적으로 생각했을 때 사막 한복판에 있는 테러리스

트의 고철 더미에서 아크 반응로를 제작하는 이야기는 불가능하다. 게다가 무기 폐기장에서 희토류인 팔라듐^{107}Pd을 발견하는 일은 모래사장에서 바늘 찾기다. 어떻게 찾는다고 해도 다른 여섯 개의 동위원소와 구별할 방법도 없다. 계속 전자석을 몸에 넣고 다녔던 것도 이해하기 어렵다. 뉴욕으로 돌아왔을 때 솜씨 좋은 외과 의사를 불러서 파편을 제거했다면 〈아이언맨 2〉에서 나타났던 중금속 중독 증상도 예방할 수 있었다.

가슴에 쏙 들어가면서도 많은 에너지를 공급할 수 있도록 원자로를 소형화하는 일은 불가능에 가까우나, 과학자들은 더 깨끗한 신에너지를 찾는 일을 포기하지 않았다. 현재 사용하는 에너지는 효율성 기준에서 만족스럽지 못하다. 핵융합 에너지를 생산하려면 핵분열을 자유자재로 제어하는 거대한 발전소가 필요하며, 엄청난 양의 열이 발생할 뿐 아니라 폐기물 처리 문제까지 해결해야 한다. 태양 에너지는 언제나 해가 쨍쨍하게 뜨는 일부 지역에서만 활용할 수 있으며 도시 하나에 필요한 전력을 공급하기에는 역부족이다.

우리는 해결책을 찾기 위해 새로운 형태의 핵에너지에 집중했다. '자기밀폐형 핵융합'이라고 부르는 청정에너지 발전 방식은 뜨거운 플라스마를 도넛 모양으로 가두는 원리를 사용하며 놀라운 가능성을 보여주었다. 먼저, 토러스* 안에서 빠르게 움직이는 수소 원자의 온도를 태양의 핵보다 6배 높게 가열한다. 초고온이 되면 수소 원자가 융합하면서 뜨거운 플라스마를 형성한다. 알아차렸겠지만 이 발전 과정은 아주 위험하며 발전소 전체를 파괴할 수도 있다. 하지만 강한 자기장으로 융합을 강제하고 원자가 자기장을 따라 나선형으로 움직이게 만든다면 안전하게 제어할 수 있다. 핵융합 원자로와는 다르게 지구의 풍부한 자원을 연료로 사용하며 방사능이나 독성 부산물이 생기지 않는다. 가장 먼저 해결해야 할 문제는 플라스마를 생성하고 억제하는데 들어가는 에너지가 수소 융합으로 발전하는 에너지보다 많다는 점이다. 이 부분만 해결하면 자급자족 플라스마 발전소를 건설할 수 있다.

현재 자기밀폐형 핵융합 기술은 미국 메사추세츠 공과대학교, 프린스턴대학교, 막스 플랑크 연구소의 실험용 원자로에 사용하고 있으며, 유럽 연합 및 6개국이 협력하여

---

* 플라스마 형상이 도넛의 모양을 띠며 그 표면은 자력선으로 덮인 자기계 배위이다. 플라스마의 입자가 자력선을 따라 운동하기 쉽다는 성질을 이용하여 플라스마를 유지한다.

국제 핵융합 실험로 건설 프로젝트를 추진 중이다. 아마 세계에서 가장 큰 핵융합 반응로가 될 것으로 보인다. 플라스마 연소에 성공하면 50MW로 400초 만에 500MW를 생산할 수 있다. 이는 2026년 완공 예정이다.

형태 변환

★ 등장: 〈캡틴 아메리카: 윈터 솔져〉, 〈캡틴 마블〉, 〈에이
　　　전트 오브 쉴드〉
★ 대상: 블랙 위도우(나타샤 로마노프), 스크럴 종족
★ 과학 개념: 세포 생물학, 동물 색소, 재료 공학, 유전학,
　　　바이오미메틱스

소개

　모든 동물은 눈에 띄지 않거나 이목을 집중시키기 위해
다양한 전략을 사용한다. 오징어는 색소 세포의 패턴을 자
유자재로 변형하여 주변에 감쪽같이 녹아든다. 색깔뿐 아
니라 피부의 질감까지 몇 초 내에 바꿀 수 있다. 오징어의
위장 원리를 알아낸다면 사람의 외형을 바꾸는 바이오미
메틱스 스마트 물질의 단서를 얻을 수 있을지도 모른다.
어떻게 살아 있는 생명체에서 이런 작용이 일어날 수 있을
까? 이들의 신비로운 생물 현상을 형태 변환 기술로 활용
한다면 히드라가 쉴드를 장악해도 눈치채지 못할 만큼 완

벽한 변장이 실제로도 가능할까?

마블 시네마틱 유니버스에서 벌어지는 많은 비밀 작전은 나노 마스크를 사용해 변장하여 잠입하는 과정을 수반한다. 〈캡틴 아메리카: 윈터 솔져〉에서 블랙 위도우는 나노 마스크를 사용해 홀리 의원으로 변장한 뒤 알렉산더 피어스가 프로젝트 인사이트를 감행하지 못하도록 막았다. 나노 마스크는 관자놀이를 두드려 작동하며 블랙 위도우의 얼굴과 목소리까지 바꿔주었다. 〈에이전트 오브 쉴드〉에서 히드라(서닐 백시와 에이전트 33) 역시 첩보 작전에 같은 기술을 사용하는 모습을 볼 수 있다. 또한 〈캡틴 마블〉에 등장하는 스크럴 종족의 핵심 능력 역시 형태 변환이다.

형태 변환을 정확하게 이해하기 위해 스크럴과 나노 마스크를 따로 살펴보겠다. 둘은 결과는 같아도 성질은 완전히 다르다(전자는 세포이며 후자는 피부에 붙이는 패치이다). 포유류에 속하지 않는 척추동물과 무척추동물 일부, 그리고 스크럴은 다양한 형태로 발색되는 색소포를 이용해 몸의 색깔을 바꾼다. 인간은 멜라닌 세포를 이용해 피부를 어둡게 하지만 오징어는 피부 아래 여러 층에 흰색, 무지개색, 오렌지색, 붉은색 색소포를 가지고 있다. 모든 색소포는 수축과 이완, 두 가지 상태 중 하나에 있다. 색소포가 수축하면 색소를 세포 중심으로 옮기면서 해당 색깔을 완전히 지워버린다. 반대로 색소포가 이완하면 색소를 세포 전체에 펼치면서 색을 띠는 원리이다.

이제 스크럴 종족으로 넘어가보자. 위장 전의 스크럴은 초록색 피부를 갖고 있다. 피부의 세 층으로 된 색소포는 다양한 수준으로 수축과 이완 작용을 한다. 가장 아래층에는 어두운 색소가 있는 색소포가, 중간층에는 홍색소포가, 꼭대기 층에는 황색 색소가 있는 황색소포가 있다. 빛이 피부를 통과하면 중간층의 홍색소포에서 반사되어 황색소포로 들어가면서 푸른빛을 낸다. 스크럴 역시 살아있는 픽셀처럼 활동하는 색소포의 작용으로 인간과 비슷한 피부색을 띨 수 있을 것이다. 하지만 아직은 인간의 피부색을 한 스크럴일 뿐이다. 얼굴의 생김새는 어떻게 모방할까? 어쩌면 오징어처럼 돌기를 이용해 피부의 질감을 바꾸는 방법을 사용할 수도 있다. 이러한 능력을 구사하려면 신경 생리학적 제어가 필요하다. 피부를 자극하고 스크럴의 몸에 있는 여러 분비샘에서 신경 전달 물질을 분비하는 방식으로 조절할 수 있다.

나노 마스크도 비슷한 원리인데, 축소한 홀로그램 세포를 직물에 삽입해서 사용자의 얼굴에 부착하는 방식이다. 홀로그램 세포가 3D 화소를 투영해서 원하는 얼굴의 형태와 색깔을 만든다.

음성 변조

다른 사람으로 위장하기 전에 나노 마스크를 프로그래밍하려면 음성 샘플과 DNA가 필요하다. 스크럴은 피부에 돌기를 형성해 질감을 표현하지만 나노 마스크는 다양한 사람의 얼굴과 유전체 배열을 정리한 클라우드에 연결해 인물의 DNA를 데이터와 비교해 사용할 가능성이 높다. 목소리 변조는 음파의 진폭과 위상을 바꾸고 고유의 특징을 이용해 걸러내는 일반적인 음성 변조 프로그램을 사용하면 된다.

실생활에서의 과학

다시 동물계로 돌아가자. 오징어는 위장을 통해 먹잇감

을 사냥하고 포식자의 눈을 피하며 다른 오징어와 의사소통한다. 하지만 두족류만 이러한 능력이 있는 것은 아니다. 직접 아스타토틸아피아 버토니(3장 헐크의 변신 참조)를 연구했을 때, 황색 색소를 확산하고 집중시키는 유전자의 발현을 통해 색이 변화한다는 사실을 관찰할 수 있었다. 일부 개구리, 도마뱀, 게 역시 비슷한 세포 메커니즘을 통해 변화를 만든다.

불행히도 인간은 이러한 특징을 영원히 가질 수 없을 것으로 보인다. 우리가 다양한 염색 세포를 가지지 못한 이유는 2억 2천 5백만 년 전 우리의 조상이 야행성이었던 점과 관련이 있다. 당시 트라이아스기에 활동한 공룡은 냉혈동물이었으므로 몸을 데우기 위해 낮에 활동했고, 뾰족뒤쥐와 유사한 모습의 우리 조상은 포식자의 눈을 피해 밤에 움직였다. 밤의 세계에서 시력은 그렇게 중요한 요소가 아니다. 밤 생활은 6천 5백만 년 전 포유류가 주행성으로 바뀌면서 끝이 났지만 이미 파충류와 어류는 포유류가 따라잡을 수 없을 정도로 염색 세포를 진화시킨 뒤였다.

그렇다면 기술의 도움을 받으면 어떨까? 홀로그램 기술은 실제로 존재하지만 아직 섬유에서 구현할 정도로 소형화하는 것은 불가능하다(7장 현실 조작 참조). 그나마 비슷한 기술은 홀로그램이 아니라 색소를 채운 바이오미메틱스 물질을 사용한다. 잉글랜드 브리스틀대학교의 조나단 로시터Jonathan Rossiter 박사의 관련 연구를 살펴보자. 로시터 박사는 유전성 탄성체를 색소로 채워 염색 세포와 유사한 기능을 수행하도록 만들었다. 탄성체는 합성 근육처럼 작용하면서 전류가 흐르면 수축하여 색소의 면적을 줄였다. 만들어낸 프로토타입은 표피 세포보다 크지만, 계속 크기를 줄여나가면 다양한 색소 패턴을 구현하는 부드러운 로봇 피부층을 만들 수 있다. 위장과 체온 조절 목적으로 사용하면 아주 요긴할 것으로 보인다.

나노 마스크의 흥미로운 부분은 얼굴의 모양과 형태를 모방하기 위한 프로그래밍 과정에서 DNA를 사용한다는 점이다. 쉴드 정도는 아니지만, 우리에게도 비슷한 유전체 기술이 있다. 이러한 분야의 연구는 'DNA 표현형' 분석이라고 불리며 인간 유전체 고유의 특징을 통해 사람의 얼굴 특징을 알아낸다. 2018년 휴먼 롱제비티의 크리스토프 리퍼트Christoph Lippert는 1,061개의 유전체 배열과 신체적 특징을 상세하게 조사하여 유전자를 통해 신원을 확인하는 컴퓨터 체계를 개발했다. 여러 민족의 피가 섞여 있는 경우 열 번 중 여덟 번은 실제와 비슷한 얼굴을 그려낼 수 있었지만, 순혈에 가까운 사람들의 정확한 얼굴을 예측하지는 못했다. 다른 사람의 얼굴을 훔치는 기술을 개발하는 일에는 사용되지 않을지 모르나 유전 프라이버시 관련 윤리 문제를 제기할 수 있다는 우려가 일고 있다.

비브라늄

★ 등장: 〈퍼스트 어벤져〉, 〈캡틴 아메리카: 윈터 솔져〉,
  〈어벤져스: 에이지 오브 울트론〉, 〈캡틴 아메리
  카: 시빌 워〉, 〈블랙 팬서〉

★ 대상: 울트론, 캡틴 아메리카(스티브 로저스), 블랙 팬서
  (트찰라)

★ 과학 개념: 압전기, 금속 결합, 재료 공학

소개

우리는 다양한 원소의 분자 구조를 바꾸어 거시적인 변화를 만들어 낼 수 있다. 탄소를 결정 격자 형태로 만들면 다이아몬드가, 층으로 쌓으면 흑연이, 더 불규칙하게 결합하면 석탄이 된다. 같은 원소로 만들었지만 전기, 화학, 물리적 특성은 전부 다르다. 탄소의 분자 구조를 탄소 나노 튜브로 바꾸면 자연에서 결코 찾을 수 없는 인장 강도와 전기 전도도를 가진 물질을 만들 수도 있다. 비브라늄 합금은 어떤 분자 구조를 하고 있을까?

마블 시네마틱 유니버스에서 비브라늄은 인류가 사용하는 가장 기이하고 희귀한 금속으로, 수천 년 전 와칸다의 바셴가 산에 떨어진 운석으로 인해 생긴 광맥에서만 채광된다. 원석일 때는 폭발성이 강하고 불완전하지만 가공하면 지구에서 가장 강력한 금속 합금, 섬유, 에너지 공급원으로 활용할 수 있다. 캡틴 아메리카의 방패는 모든 공격을 완벽하게 막아내고 그로 인해 파괴되는 일을 예방하기 위해 비브라늄 강철 합금으로 만들었다. 슈리는 나노 장비와 비브라늄을 사용해 팬서 해빗에 운동 에너지를 흡수했다가 내뿜는 기능을 추가했다. 이처럼 다재다능한 비브라늄에는 어떠한 원리가 숨어 있을까?

마블의 과학

외부인들은 와칸다의 기술 발전이 비브라늄 때문이라고 생각하지만 분명 다른 원인이 존재한다. 단 하나의 원소를 한 가지 형태로 아주 다양한 용도에 사용한다는 것은 불가능에 가깝다. 이 일을 가능하게 하려면 세계 최고 수준의 화학과 물리학 기술이 필요하다. 원자 수준에서 보면 비브라늄은 다양한 형태로 가공할 수 있으며 고유의 기능을 발휘하기 위해 전례 없는 결합(금속, 공유, 이온 등)을 형성할 수 있다. 화학적으로 유연하다는 것은 아주 미세한 나노 구조를 쉽게 합성할 수 있다는 뜻이기도 하다.

열역학 제 1법칙에 따르면, 에너지를 다른 것으로 전환할 수는 있지만 생성하거나 파괴할 수는 없다. 그렇다면 비브라늄은 운동 에너지를 다른 형태로 저장한다는 말이된다. 〈블랙 팬서〉에서 슈리가 팬서 해빗을 설계하는 장면에서 단서를 찾을 수 있다. 트찰라가 기계적 부하를 받으면 슈트가 충격을 흡수하여 저장했다가 보라색 충격파의 형태로 방출한다. 비브라늄의 기이한 성질을 이용해 압전 나노 섬유를 만드는 게 가능하다면 충격파 방출의 원리를 설명할 수 있다. 압전 비브라늄 직물이 운동 에너지를 전기로 바꾸면 슈트에 삽입한 축전기에 전하를 모으고 충격파의 형태로 방출하는 원리이다. 여기서 압전기는 어떻게 작용할까?

비브라늄으로 음전하를 띤 결정 격자를 만들어 단위 전지 내의 전하 균형을 맞춘다고 가정하자. 슈트는 비브라늄 단위 전지를 3차원으로 쌓아 올린 형태가 된다. 평상시에는 단위 전지에 전하가 흐르지 않기 때문에 슈트에도 전기가 통하지 않는다. 하지만 압력이 가해지면 결정 격자가 전하를 재배열하고 양면에 전위 차이가 생기면서 전류를 전도한다.

그렇다면 기계 부하나 열부하에 파괴되지 않는 캡틴 아메리카의 방패는 어떤 형태일까? 비브라늄과 음전하를 띤 다른 원소로 합성 결정 격자를 형성할 수 있다면 탄소처럼 복잡한 나노 튜브 형태를 구성하는 것도 가능하다. 비브라늄 역시 원자 간 공유 결합을 통해 육각형 구조를 이룰 수 있으므로 원기둥 모양으로 말면 평범한 비브라늄 원자의 금속 결합보다 훨씬 강력해질 수 있다. 천 개의 아이스크림 막대로 모형을 만든다고 생각해보자. 같은 재질, 같은 수의 막대를 써서 만들어도 트러스 구조와 단순히 일자로 쌓아 올린 탑은 외부의 힘에 저항하는 정도가 다르다.

실생활에서의 과학

실제로 비브라늄 같은 물질이 존재할까? 하이퍼루프 트랜스포테이션 테크놀로지에서 사용하는 스마트 카본 섬유를 비브라늄이라고 부르기는 하지만 이는 단순한 마케팅 전략이다. 1880년 피에르 퀴리Pierre Curie와 잭 퀴리Jack Curie는 석영 결정에 압력을 가하여 전하를 만드는 실험에 성공해 압전 효과를 세상에 알린다. 얼마 지나지 않아 가브리

엘 리프만Gabriel Lippmann은 반대로 물체에 전압을 가하면 형태가 변한다는 역압전 효과를 발표한다. 전류가 압전 물질에 흐르면 변형을 유도할 수 있다는 것이다. 그로부터 한 세기 뒤, 압전 물질은 어린이용 반짝이 신발부터 초음파까지 다양한 제품에 사용된다. 에이이치 후카타Eiichi Fukada 박사는 1960년대에 뼈의 콜라겐 조직에서도 압력에 반응하는 압전 효과를 관찰할 수 있다는 연구 결과를 내놓는다. 1970년대에는 여러 연구진이 뼈에 작용하는 압전 효과가 골흡수와 성장에 영향을 미치면서 튼튼한 뼈를 만드는 센서 역할을 한다는 사실을 증명한다. 일부 금속은 압전 물질이지만 합금이나 강한 금속 결합을 이루지 못한다(예를 들면 티탄산납 PbTiO₃). 게다가 트찰라가 블랙 팬서의 자격을 놓고 벌이는 전투에서 받는 기계적 부하를 견뎌낼 정도로 튼튼한 압전 소자를 만드는 일은 상당히 까다롭다.

마블 시네마틱 유니버스에서 비브라늄은 강철보다 강하지만 무게는 3분의 1에 불과한 놀라운 물질이다. 탄소 그래핀이 강철보다 200배 강하고 6배 가벼우며 구리보다 전도성이 좋다는 사실을 몰랐다면 굉장히 흥미로운 사실이 아닐 수 없다. 그래핀은 원자 하나의 두께이며 탄소를 육각 격자 모양으로 배열해서 만든다. 하지만 비브라늄처럼 진동을 흡수하고 받은 운동 에너지를 그대로 되돌려주는 능력은 없다. 이러한 특징을 고려하면 비브라늄은 형태가 변했을 때 가해진 힘을 방출하면서 기존의 모습을 되찾는 능력이 있다고 볼 수 있다. 아마 물질의 탄성으로 인한 성질일 텐데 고무 같은 고분자 물질에서도 찾아볼 수 있다.

고분자 물질은 공유 결합으로 이어진 긴 탄화수소 사슬로 이루어져 있다. 고무가 변형되는 순간 탄화수소 사슬이 한 줄로 늘어섰다가 기계적 부하가 사라지면서 원래대로 돌아간다. 하지만 탄성 물질의 분자 배열은 금속과 다르다. 금속은 질서 정연한 양이온에 전자를 분배하면서 고정된 결정 격자로 되어 있다. 아무래도 와칸다의 과학 수준은 우리보다 한참 위인 것 같다.

과학 용어 사전

· DNA 메틸화

공유 결합으로 나타나는 변형. 다양한 유전자에서 발생하며 유전자의 작용이나 전사를 제어한다.

· 감마선

고에너지 전자기 복사. 다른 분자나 원자의 전자를 튕겨내어 산화 라디칼을 생성한다.

· 경두개 자기 자극법(TMS)

강력한 전자석으로 대뇌 피질의 다양한 부위를 국부적으로 제어하는 비침투성 요법.

· 광개입중단

두 개 이상의 전자기 복사원으로 작은 물체를 잡아당기는 힘을 가하는 기술.

· 광유전학

해조류에서 추출한 광민감성 단백질을 조작하여 뉴런의 발화를 유발하는 기술.

· 근전도검사(EMG)

근육의 전기 활성도를 기록하는 과정.

- 금속 결합
  원자가 전자를 결정 격자를 고정하는 접착제로 활용하는 금속 원
  소 고유의 결합.

- 냉동 보존
  극저온에서 유기체의 생명을 유지하는 기술.

- 대뇌 피질
  뇌 표면의 주름진 바깥층. 표면적이 넓으며 포유류의 고등 사고가
  일어나는 부위이다.

- 마이오스타틴
  근육 성장을 억제하는 단백질. 부족하면 근육 성장이 대폭 증가
  한다.

- 말초 신경 인터페이스(PNI)
  신경 조직에서 보낸 전기 신호를 감지하는 컴퓨터 인터페이스.

- 바이오 시퀘스트레이션
  유기체가 특정 성분을 조직 내로 모으는 과정.

- 바이오미메틱스
  생물의 형태나 기능을 모방하는 기술.

- 베셀 빔
  베셀 함수로 정의하는 음향파, 전자기파, 중력파. 트랙터 빔과 비슷
  한 특징이 있다.

- 사건의 지평선
  블랙홀과 가까이 가면 강한 중력에 의하여 블랙홀의 내부로 빨려
  들어가게 된다. 블랙홀 내부의 붕괴 속도는 빛의 속도보다 빠르므

로 어떠한 물질도 빠져나갈 수 없다. 따라서 블랙홀 내부에서 일어나는 일은 외부에 아무런 영향도 줄 수 없게 되고, 이 경계면을 사건의 지평선이라 부른다.

- 사이버네틱스
인간 기계 인터페이스를 연구하는 학문.

- 세계선
물체가 4차원의 시공간에 그리는 궤적을 표현한 선. 시간성 폐곡선을 따라 이동하는 원자의 경로를 나타낼 때 쓰인다.

- 스파게티화 현상
물질이 어떤 힘(예를 들면 강한 중력)에 이끌리면서 원자 하나 두께의 스파게티 면처럼 얇게 퍼지는 현상.

- 시간 지연
중력이 시공간을 휘게 만들고 운동하는 물체가 빛의 속도에 가까워지면서 시간이 상대적으로 길어지는 현상.

- 시간성 폐곡선(CTC)
대상의 세계선이 시간을 거슬렀다가 다시 원래 자리에 나타나면서 생기는 타임 루프.

- 시냅스
뉴런 사이에 화학 정보를 전달하게 해주는 틈.

- 시스템 신경 과학
뉴런과 뉴런 회로를 신경계를 관장하는 하나의 시스템으로 연구하는 학문.

· **신경 후성 유전학**
  뇌의 후성적 메커니즘을 연구하는 학문.

· **아인슈타인-로젠 다리**
  물질이 우주의 시공간에 존재하는 두 점 사이를 이동하게 해주는
  웜홀이 존재한다는 이론.

· **양자 중첩**
  양자 입자가 다양한 상태에 동시에 있다가 파동 함수 붕괴로 말미
  암아 하나의 결과로 떨어지는 현상.

· **양자 터널링**
  양자 입자가 물리 장벽을 통과하는 능력.

· **영양 번식**
  줄기세포 같은 상태의 식물 조직이 떨어져 나가서 새로운 성체로
  자라는 과정.

· **웜홀**
  빛보다 빠른 속도로 두 지점 사이를 이동하는 이론상의 포탈.

· **유리화 작용**
  일종의 냉동보존. 샘플이 즉시 고체로 굳어지면서 얼음 결정이 형
  성되지 않는다.

· **유전자/게놈**
  암호화된 화학 정보의 배열. 세부적인 생물학적 기능을 수행하는
  단백질의 설계도.

· **음속 충격파**
  음파가 소리보다 빠르게 진행하면서 공기를 가열해 발생하는 음속

폭음.

· 저온 생물학
저온에서 생명체의 생명 활동을 연구하는 학문.

· 전사
유전자가 단백질로 변하기 전에 잠시 RNA 분자로 암호화되는 과정.

· 전전두엽 피질
집행 기능, 감정 처리, 다양한 고등 사고 과정을 관장하는 뇌의 앞쪽 부위.

· 중력파
아주 거대한 질량을 가진 물체의 운동으로 말미암아 시공간을 통해 전달되는 중력.

· 축전기
전위차를 저장하고 전하를 보관하는 두 개의 판.

· 크리스퍼(CRISPR)
DNA의 특정 염기서열을 조작하는 기술.

· 탄소 나노 튜브
육각형으로 배열한 탄소 원자가 이루는 나노 구조. 엄청난 인장력을 가진 물질을 만들 수 있다.

· 텔로머레이스
노화가 일어나는 동안 염색체 양 끝에 붙어 뉴클레오타이드를 회복하는 효소.

· 프랙털 우주론
  우리의 우주가 더 큰 우주의 일부이며 더 큰 우주가 무한히 존재한
  다고 주장하는 우주론.

· 홀로그래피
  산란파와 기준파의 상호 작용으로 3차원 간섭 패턴을 만들어 내는
  기술. 기준파를 산란하여 기존 물체의 물리적 특성을 재현한다.

· 후두엽
  눈이 시신경을 통해 보내는 시각 정보를 처리하는 피질.

· 후성 유전학
  환경 변수가 다양한 분자 메커니즘을 통해 유전체 반응에 영향을
  끼치는 원리를 연구하는 학문.

마블이 설계한
사소하고 위대한 과학

초판 1쇄 발행 2019년 11월 04일
초판 7쇄 발행 2021년 11월 15일

지은이 세바스찬 알바라도
옮긴이 박지웅
발행인 곽철식

책임편집 구주연
디자인 강수진
펴낸곳 다온북스
인쇄 영신사
출판등록 2011년 8월 18일 제311-2011-44호
주소 서울 마포구 토정로 222, 한국출판콘텐츠센터 313호
전화 02-332-4972 팩스 02-332-4872
전자우편 daonb@naver.com

ISBN 979-11-90149-06-8 (03400)

© 2019, Simon&Schuster

이 도서의 국립중앙도서관 출판예정도서목록(CIP)은 서지정보유통지원시스템
홈페이지(http://seoji.nl.go.kr)와 국가자료공동목록시스템(http://www.nl.go.kr/kolisnet)에서
이용하실 수 있습니다.(CIP제어번호: CIP2019039986)

• 다온북스는 독자 여러분의 아이디어와 원고 투고를 기다리고 있습니다.
  책으로 만들고자 하는 기획이나 원고가 있다면, 언제든 다온북스의 문을 두드려 주세요.
• 하이픈은 다온북스의 브랜드입니다.

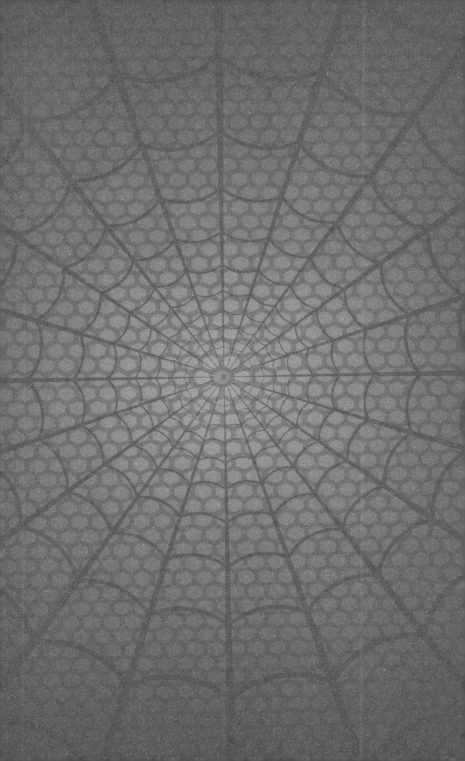

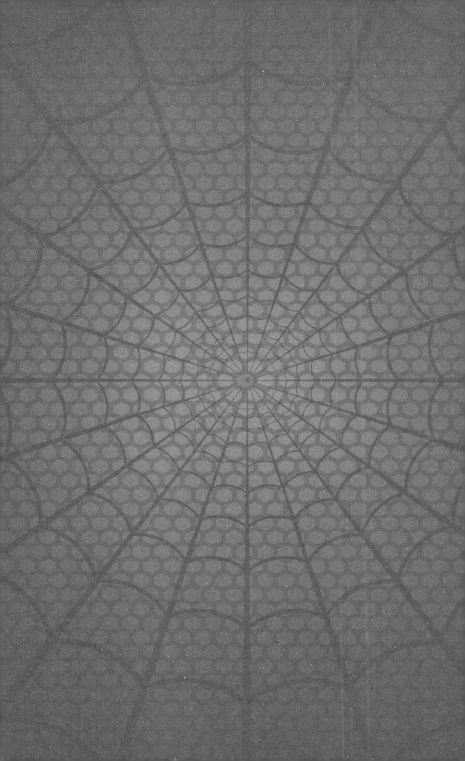